ナノインプリント・リソグラフィの社会実装と将来展望

EUVLに対抗する注目の次世代半導体微細加工技術
および離型性課題克服に向けた取り組み

監修：平井義彦

執筆者紹介

---- 第1章 ----

第1節
第3章
平井　義彦　　大阪公立大学 工学研究科 客員教授／
　　　　　　　大阪府立大学 名誉教授／博士（工学）

第2節
谷口　淳　　　東京理科大学 先進工学部 電子システム工学科 教授
　　　　　　　博士（工学）

第3節
小松　裕司　　コネクテックジャパン株式会社 部長

第4節
中村　文　　　国立研究開発法人産業技術総合研究所 主任研究員／
　　　　　　　工学博士

第5節
鈴木　健太　　国立研究開発法人産業技術総合研究所
　　　　　　　先端半導体研究センター 主任研究員／博士（工学）

第6節
岩城　友博　　Micron Memory Japan, K.K MTS（Member technical staff）

執筆者紹介

―――― 第2章 ――――

第1節

雨宮　智宏	東京科学大学 准教授
永松　　周	東京科学大学
西山　伸彦	東京科学大学 教授
森　莉紗子	東京応化工業株式会社
藤井　　恭	東京応化工業株式会社
浅井　隆宏	東京応化工業株式会社
塩田　　大	東京応化工業株式会社
渥美　裕樹	国立研究開発法人産業技術総合研究所

第2節

安藤　格士　東京理科大学 先進工学部 電子システム工学科 准教授／博士（工学）

第3節

伊藤　俊樹　キヤノン株式会社 半導体機器事業部 主幹

目　次

第1章　ナノインプリント・リソグラフィの概要・半導体への応用　001
第1節　ナノインプリント・リソグラフィのメカニズムと半導体応用に向けて　002
大阪公立大学　平井　義彦

- はじめに　002
- 1. ナノインプリントの解像性　002
- 2. 熱ナノインプリントのメカニズム　004
  - 2.1 パターン依存性　004
    - 2.1.1 アスペクト比依存性　005
    - 2.1.2 初期膜厚依存性　006
  - 2.2 欠陥の抑制とプロセスシーケンス　007
- 3. 光（UV）ナノインプリントのメカニズム　009
  - 3.1 光ナノインプリントプロセス　009
  - 3.2 レジストの充填プロセス　009
    - 3.2.1 液滴滴下方式での充填　010
    - 3.2.2 スピンコート法と凝縮性気体雰囲気中での充填　012
  - 3.3 UV照射プロセス　014
  - 3.4 UV硬化プロセス　015
- 4. 離型のメカニズム　020
  - 4.1 離型とは　020
  - 4.2 離型のメカニズム　020
    - 4.2.1 破壊力学に基づく離型解析　020
    - 4.2.2 接触境界に基づく離型解析　022
  - 4.3 傾斜角付きパターンによる離型モデルの検証　024
  - 4.4 離型性向上のための方策　025
    - 4.4.1 化学的手法による離型性向上　025
    - 4.4.2 力学的手法による離型性向上　025
- 5. ナノインプリントの限界解像性と分子挙動　029
  - 5.1 分子サイズと成型性　029
  - 5.2 熱、光ナノインプリントの限界解像性　030
  - 5.3 光硬化プロセスでの分子挙動　031
  - 5.4 圧搾状態での分子挙動　032

5.5　離型時の分子挙動　　　　　　　　　　　　　　　　　　　　033
　　6. ナノインプリントの半導体集積回路への応用　　　　　　　　　　　035
　　　　6.1　半導体前工程への応用　　　　　　　　　　　　　　　　　035
　　　　6.2　半導体後工程への応用への期待　　　　　　　　　　　　　036
　　　　6.3　間隙リソグラフィとしての利用　　　　　　　　　　　　　037
　　おわりに　　　　　　　　　　　　　　　　　　　　　　　　　　　037

第2節　ナノインプリントリソグラフィにおける離型性課題の評価と対策　　041
　　　　　　　　　　　　　　　　　　　　　　東京理科大学　谷口　淳
　　はじめに　　　　　　　　　　　　　　　　　　　　　　　　　　　041
　　1. 離型処理されたモールドの転写耐久特性評価　　　　　　　　　　042
　　　　1.1　離型処理方法　　　　　　　　　　　　　　　　　　　　042
　　　　1.2　繰り返しUV-NIL転写　　　　　　　　　　　　　　　　　044
　　　　1.3　繰り返しUV-NIL転写後の評価　　　　　　　　　　　　　044
　　　　1.4　繰り返しUV-NILによる離型性の評価　　　　　　　　　　046
　　2. レプリカモールドを用いた場合　　　　　　　　　　　　　　　　048
　　　　2.1　レプリカモールドの作製方法　　　　　　　　　　　　　048
　　　　2.2　レプリカモールドの転写耐久評価　　　　　　　　　　　049
　　3. 微細線構造モールドを用いた寿命予測　　　　　　　　　　　　　050
　　　　3.1　測定方向による接触角の違い　　　　　　　　　　　　　050
　　　　3.2　離型処理されたシリコンモールドの寿命予測　　　　　　051
　　おわりに　　　　　　　　　　　　　　　　　　　　　　　　　　　052

第3節　半導体実装へのインプリント技術応用　　　　　　　　　　　　055
　　　　　　　　　　　　　　　　コネクテックジャパン株式会社　小松　裕司
　　はじめに　　　　　　　　　　　　　　　　　　　　　　　　　　　055
　　1. 背景　　　　　　　　　　　　　　　　　　　　　　　　　　　055
　　　　1.1　半導体のIoT応用とチップ低温接合　　　　　　　　　　　055
　　　　1.2　インプリント法によるバンプの狭ピッチ化　　　　　　　056
　　　　1.3　ハードレプリカからソフトレプリカへ　　　　　　　　　057
　　2. 実験方法　　　　　　　　　　　　　　　　　　　　　　　　　058
　　3. 実験結果と考察　　　　　　　　　　　　　　　　　　　　　　058
　　　　3.1　導電性ペーストのかきとり性　　　　　　　　　　　　　058
　　　　3.2　導電性ペーストの転写性　　　　　　　　　　　　　　　059
　　　　3.3　段差を有する基板への配線転写　　　　　　　　　　　　060
　　　　3.4　高アスペクト微細バンプ形成　　　　　　　　　　　　　061
　　おわりに　　　　　　　　　　　　　　　　　　　　　　　　　　　061

第4節　光電融合半導体パッケージの研究開発とナノインプリントへの期待　　063
　　　　　　　　　　　　　　　国立研究開発法人産業技術総合研究所　中村　文

はじめに　　063
1. アクティブ・オプティカル・パッケージ（AOP）基板　　064
　1.1　概要　　064
　1.2　マイクロミラーを用いた光再配線構造　　064
　1.3　マイクロミラー作製技術と課題　　065
2. 光ナノインプリントを用いたミラー作製　　066
　2.1　光ナノインプリントステッパーの開発　　066
　2.2　上部ミラー形成プロセス　　066
　2.3　75 mm基板でのミラー一括試作と評価　　067
　2.4　インプリントでの光再配線構造の作製と評価　　068
おわりに　　069

第5節　低欠陥・超高速ナノインプリント技術の開発と半導体の微細配線加工に向けた取り組み　　071
　　　　　　　　　　　　　　　国立研究開発法人産業技術総合研究所　鈴木　健太

はじめに　　071
1. 凝縮性ガスを導入するナノインプリント　　071
2. 混合凝縮性ガスを導入するナノインプリント　　073
3. 半導体配線加工に向けた取り組み　　076
おわりに　　078

第6節　ナノインプリントリソグラフィの課題とデバイス適用への見通し　　081
　　　　　　　　　　　　　　　Micron Memory Japan, K.K　岩城　友博

はじめに　　081
1. リソグラフィプロセスの歴史　　081
2. ナノインプリントプロセス　　082
3. ナノインプリントプロセスの抱える課題　　083
　3.1　インクジェットコーティング　　083
　3.2　アライメント　　084
　3.3　テンプレートの課題　　086
4. 3Dナノインプリントの可能性　　087
おわりに　　089

第2章 ナノインプリント・リソグラフィ技術における構造形成プロセス・シミュレーションおよび装置の開発と実用化　091

第1節　UVナノインプリントリソグラフィを導入したシリコンフォトニクスプロセス　092

東京科学大学　雨宮　智宏・永松　周・西山　伸彦
東京応化工業株式会社　森　莉紗子・藤井　恭・浅井　隆宏・塩田　大
産業技術総合研究所　渥美　裕樹

- はじめに　092
- 1. NILと各種露光技術の比較　092
- 2. UV-NILを用いた大面積集積フォトニクスプロセスの開発　094
  - 2.1　SF_6-C_4F_8混合ガスによるエッチング耐性　095
  - 2.2　O_2アッシングによる除去性　095
  - 2.3　ワーキングスタンプ剤との親和性　095
- 3. UV-NILを用いた大面積集積フォトニクスプロセスの開発　095
  - 3.1　NIL工程　096
  - 3.2　光回路形成工程　097
- 4. 開発プロセスで作製したシリコン導波路の伝搬特性　097
- おわりに　098

第2節　UVナノインプリントリソグラフィ充填プロセスの分子動力学シミュレーション　101

東京理科大学　安藤　格士

- はじめに　101
- 1. 分子動力学シミュレーションとは　102
  - 1.1　分子動力学シミュレーションの概要　102
  - 1.2　運動方程式の数値解法と原子間ポテンシャル関数　102
- 2. UV-NILの圧縮プロセスのMDシミュレーション　103
  - 2.1　計算モデル　104
    - 2.1.1　レジスト分子モデル　104
    - 2.1.2　レジスト充填の計算モデル　105
  - 2.2　MDシミュレーションの結果と考察　105
    - 2.2.1　モデルレジストの粘性　105
    - 2.2.2　レジスト充填の経時変化　106
    - 2.2.3　レジストIIにおけるトレンチ内での分子の分布　107
    - 2.2.4　レジスト分子のコンフォメーション　108
    - 2.2.5　官能基間の動径分布関数　109
- おわりに　110

第3節　半導体製造用ナノインプリントリソグラフィ技術の最新開発状況 　113
　　　　　　　　　　　　　　　　　　　　キヤノン株式会社　伊藤　俊樹

1. はじめに　113
2. JFILプロセスの概要　113
3. ナノインプリント装置の構成　115
4. マスクの構造及び押印方法　116
5. レジストの開発　117
6. ナノインプリントリソグラフィの性能　120
    6.1　欠陥（Defectivity）　120
        6.1.1　マスク欠陥　120
        6.1.2　インプリント欠陥　121
        6.1.3　欠陥性能の推移　122
    6.2　パーティクル（Particle）　123
        6.2.1　パーティクル性能の推移　124
    6.3　オーバーレイ（Overlay）　124
        6.3.1　オーバーレイ性能の推移　125
    6.4　スループット（Throughput）　126
        6.4.1　レジストドロップの小滴化　126
        6.4.2　クラスタシステム　126
        6.4.3　スループット向上の推移　127

第3章　ナノインプリント・リソグラフィの国内外の動向と今後の展望　129
　　　　　　　　　　　　　　　　　　　　大阪公立大学　平井　義彦

1. 学術発表から視える国内外の動向　130
    1.2　国別のアクティビティ　130
2. 今後の展望　134

第1章

ナノインプリント・リソグラフィの概要・半導体への応用

第1章 ナノインプリント・リソグラフィの概要・半導体への応用

第1節 ナノインプリント・リソグラフィのメカニズムと半導体応用に向けて

大阪公立大学　平井　義彦

はじめに

1995年にナノインプリントが提唱[1]されて以来、2025年はナノインプリント発祥30年の節目の年を迎える。これまでに、図1に示すように、熱可塑性材料を用いる熱ナノインプリント[1]と、光硬化性材料を用いる光UVナノインプリント[2]などの多様な方式が提唱されている。いずれの方式も、微細なモールドを高分子樹脂などの被加工材料にプレスし、成形加工することにより、モールドパターンの形状に沿った多様微細構造を形成することができる微細加工法として、光学要素、電子デバイス、バイオチップなど、多方面への応用が試みられている。

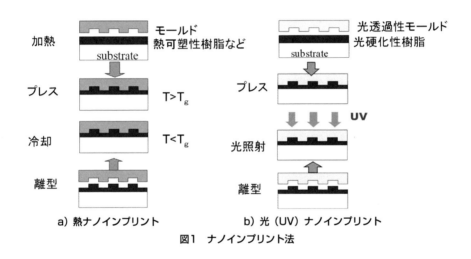

図1　ナノインプリント法

ナノインプリントが従来のリソグラフィ技術と比して秀でる点は、優れた解像性のみならず、多様な材料を多様な形状な直接加工できる多様性がある。さらに、高価な線源や光学系が必要ないため、装置価格が抑制できるうえ、保守も容易となる。一方、モールドを被加工材料から離型する際に生じる欠陥を完全に無くすには、課題が残されている。

ここでは、ナノインプリントの解像性について最初に触れた後、熱・光ナノインプリントならびに離型についての基本的なメカニズムについて述べる。さらに、ナノインプリントの限界解像性の要因について述べた後、半導体集積回路製造への取り組みと今後の期待される展開について述べる。

1. ナノインプリントの解像性

1996年にS. Chouらにより"Nanoimprint Lithography"と題した論文[3]が発表された、その優れた解像性を生かした半導体リソグラフィ分野への応用は、ナノインプリントの1丁目1番地の応用目標として研究開発が進められてきた。図2に、論文で発表された限界解像性の進展を示す。当時の先端

フォトリソグラフィの約10倍程度の30 nmの解像性が、半導体チップのフィールドサイズ全面で示された。さらにその後、モールドの微細化や被加工材料の選択により、2000年代後半には、分子・原子レベルの解像性が示され、次世代の半導体リソグラフィ技術としての期待が高まった。

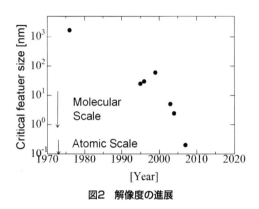

図2　解像度の進展

単に微細な解像度があるだけではなく、図3は、広範囲でシームレスな寸法領域での解像度が示されている[1,4]。

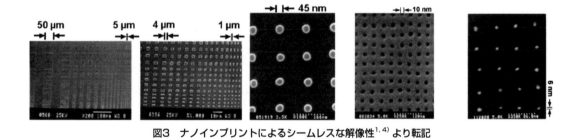

図3　ナノインプリントによるシームレスな解像性[1,4]より転記

ここで解像性について触れておく。解像性には、単に解像度だけでなく、焦点深度、フィールドサイズがある。従来の縮小投影系を用いたフォトリソグラフィでは、解像度を向上させるために光源の短波長化とレンズの大口径化が図られてきた。しかしこの手法では、原理的に焦点深度の劣化を伴う。このため、チップレット再配線層のように、深いホールパターンなどが要求される工程では、多層レジスト工程のような付加プロセスが必要となる。

一方で、ナノインプリントでは、原理的には焦点深度もフィールドサイズも制限が無いため、装置グレードの選択や付加プロセスは必要ない。図4に、深い焦点深度を検証した高アスペクト比パターンの成形例を示す[5,6]。ただし、これを実際の半導体プロセスで実現するためには、モールドを被加工材料から欠陥なく離型することが必須となり、その技術的障壁は低いものではない。

 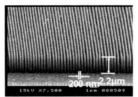 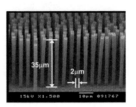 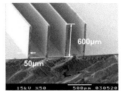

図4　ナノインプリントによる高アスペクト比パターンの成形（PMMA）

　他方、ナノインプリントが抱える課題として、精緻なモールドの作製コストとその規格化、モールド周辺のパーティクル除去、スループット、アライメント、基板の平坦化、離型での欠陥、リワーク時のレジスト除去・洗浄方法など、様々な周辺技術の高度化が挙げられる。

2. 熱ナノインプリントのメカニズム[7-9]

2.1　パターン依存性

　熱ナノインプリントは、図1-aに示すように、高分子樹脂などの熱可塑性材料が用いられる。ここでは、ガラス転移温度Tg以上での熱可塑性樹脂を非圧縮性のゴム弾性体とみなし、樹脂の変形が定常状態に達した際の静的な変形状態（単純化のために時間応答を無視する）について解析し、成形のメカニズムについて述べる。

　樹脂の成形性を評価するために、樹脂がモールドに完全に充填するのに必要なプレス圧力Pについて、モールドのアスペクト比（溝の幅Lと深さhの比）と、樹脂の初期膜厚（ここではモールドの深さhに対する初期膜厚tの比）に対する依存性を調べた。図5に解析に用いた系を示す。モールドをプレスする圧力は樹脂の弾性率Eで正規化した値を用いた。

　なお、ここでは連続体力学に基づく計算を行うため、すべてのパラメータは無次元化して考えることができる。解析結果はこの無次元化されたパラメータに依存することになる。すなわち、相似形状で相対的な力が同等である場合、その結果は同等である。よって、1 mmのパターンも100 nmのパターンも、相対的な変形状態は同一となり、ナノメートルになることで、成形状態が変わることはない。実際には、分子レベルの挙動を調べるには、分子動力学計算を行うことになるが、ここではマクロな変形を理解することにする。

　樹脂を、ゴム弾性体としてMoony-Rivlinモデル[10-12]を用いた有限要素法解析を行った。樹脂がモールドパターン（溝部分）に完全に充填されるのに必要な圧力について、パターンの形状に対する依存性を調べた。

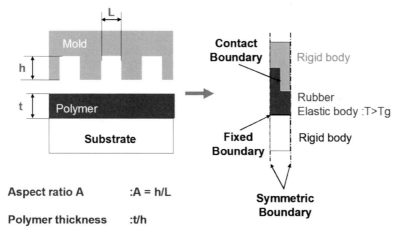

図5 解析対象と境界条件

2.1.1 アスペクト比依存性

樹脂をモールドの溝に完全に充填するために必要な相対プレス圧力P/Eについて、アスペクト比と初期膜厚の依存性を調べたシミュレーション結果を図6に示す。アスペクト比が0.8付近を最小に、アスペクト比が大きい場合にも小さい場合にも必要とされるプレス圧力は増大している。高アスペクト比の場合は、狭いパターンに樹脂が入り込み難くなり、低アスペクト比の場合にはモールドの端に近い部分のみが盛り上がり、パターンの中央部では変形が不十分となる。パターン全体に樹脂を充填させるためには、より大きな圧力が必要となる。図7に、実験結果を示す。実験と計算結果はその傾向はよく一致していることがわかる。

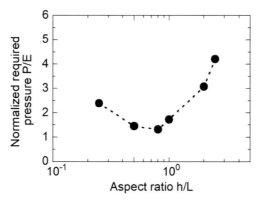

図6 充填に必要なプレス圧力Pのアスペクト比依存性（t＝h）

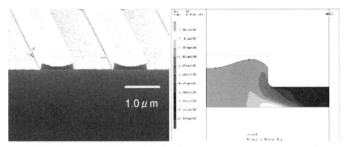

a) 低アスペクト比（A＝0.25）時の樹脂の変形結果（t/h＝1.0）

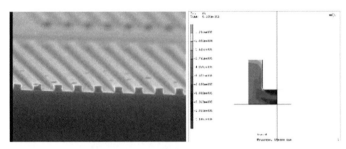

b) アスペクト比＝1程度での変形結果（t/h＝1.0）
図7　アスペクト比の違いによる樹脂の変形結果（同一のプレス圧力時）

2.1.2　初期膜厚依存性

図8に、初期膜厚（t/h）に対する依存性を示す。初期膜厚がモールド深さの2～3倍より薄くなると、アスペクト比に係わらずプレス圧力が急激に高くなる。これは、膜厚が厚いほど樹脂表面近くの変形抵抗が小さくなり、モールド溝への変形が容易になるためである。したがって、高い圧力が必要な高アスペクト比パターンでは、樹脂の膜厚を成形しようとする高さの3倍以上にすることにより、より低い圧力での成形が可能となる。

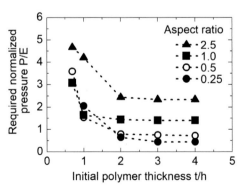

図8　完全充填に必要なプレス圧力の初期膜厚依存性

図9に、シミュレーションと実験結果を示す。両者はよく一致していることがわかる。初期膜厚が薄い場合には、変形が不十分となっている。

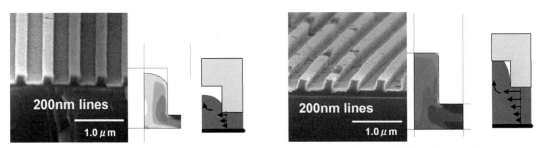

a）薄い初期膜厚（t/h＝0.5）　　　　　　b）厚い初期膜厚（t/h＝1.5）

図9　樹脂の変形結果の初期膜厚依存性（同一のプレス圧力時）

2.2　欠陥の抑制とプロセスシーケンス[13]

熱ナノインプリントでは、10 MPa前後の高いプレス圧力をかけるため、樹脂やモールドにダメージを与えることがある。ここでは、高アスペクト比構造の成形例を示す。

図10-a）に標準的な熱ナノインプリントプロセスのシーケンスと、比較的高い圧力が必要となる高アスペクト比構造の実験結果を示す。図10-b）に示すように、樹脂パターンは、付け根部分からとり除かれていることが伺える。

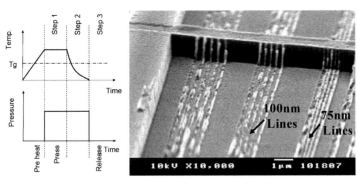

a）圧力・温度シーケンス　　　　b）実験結果

Step 0）モールドと基板を加熱し、樹脂のガラス転移温度（Tg）以上に加熱
Step 1）モールドを基板に所定の時間プレス
Step 2）モールドと基板をTg以下に冷却
Step 3）除荷してモールドを基板から離型

図10　通常のプロセスシーケンスによる高アスペクト比構造成形例

通常、アスペクト比が3程度以下のパターンでは、上記のシーケンスで十分成形できるが、高アスペクト比構造の成形には、前節でも述べたようにより高い圧力が必要となる。

図11に、通常のシーケンスで生じる各工程における主応力分布を示す。温度がガラス転移温度（Tg）以上の成形プロセスでは、樹脂はゴム弾性体とみなせる。図11-（a）に、その時の主応力分布を示す。この段階では、際立った応力集中は見られず、破壊の原因となるものは見あたらない。次に、樹脂が

変形した後の冷却工程で、樹脂が硬化した後もモールドに圧力を加え続けた場合、冷却により温度がTg以下で弾性体に戻った樹脂では、コーナー部分に大きな応力集中が生じる（図11-(b)）。この場合、コーナー部分に部分的な亀裂が発生する恐れがある。

つづいて、図11-(c)に、モールドを離型する際に生じる応力分布を示す。この場合にもパターンのコーナー部分で引っ張り応力が生じる。この時、冷却工程の後半で生じた亀裂が進展し、破断が生じるものと考えられる。

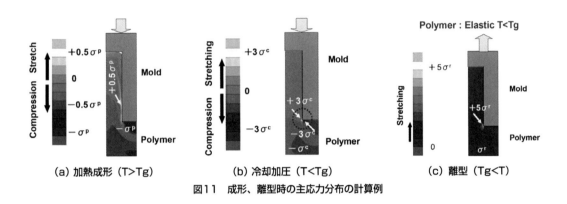

(a) 加熱成形（T>Tg）　　(b) 冷却加圧（T<Tg）　　(c) 離型（Tg<T）
図11　成形、離型時の主応力分布の計算例

この問題を解消するために、図12-a) Step2の冷却過程で、樹脂の温度がガラス転移温度以下になった時点で、モールドに印加していたプレス圧を徐荷する。これにより、弾性状態に戻った樹脂に対して、パターンコーナー部分での応力集中を回避する。さらに徐冷することにより熱応力を緩和することにした。図12-b) に、改良した温度/圧力シーケンスでの高アスペクト比パターンの形成実験結果を示す。破断による欠陥無く形成できている。

このように、高圧力が必要となるような高アスペクト比構造の成形では、プロセスシーケンスによっては特定箇所への応力の集中が発生し、これが致命的なパターン欠陥となる恐れがあることがわかる。

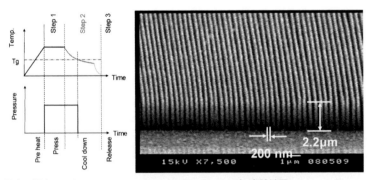

a) 圧力・温度シーケンス　　　　　　　　b) 実験結果
図12　プロセスシーケンス最適化による高アスペクト比構造成形（樹脂：PMMA）

3. 光（UV）ナノインプリントのメカニズム
3.1 光ナノインプリントプロセス

　光硬化性樹脂を用いて、モールド（テンプレートとも呼ばれる）の微細構造を転写する方法を、光ナノインプリント、あるいは用いられる光の波長からUV（Ultra Violet）ナノインプリントとも呼ばれている[2]。図1-bにプロセスを示す。熱ナノインプリントと同じ流れとなるが、3つの段階から成る。

　まず、液状の光硬化性樹脂（ここでは、レジストと呼ぶことにする）を、モールドの微細なパターンに充填するプロセスからはじまる。このプロセスでは、UVレジストを基板に滴下あるいはスピンコートした後、微細パターンをもつモールドをレジストにプレスする。モールドを軽くプレスすると、レジストはモールドのパターン内部に充填される。この時、大気中で行うと空気をトラップしてパターン内に気泡が閉じ込められ、これが欠陥となる。

　つぎに、モールドに充填したレジストに、紫外線を照射すて硬化する。このプロセスでは、次の2つの物理化学現象が同時進行する。ひとつは、モールドを通してレジストを照射する際に、光の回折や干渉が生じる。もう一つは、照射された光によって生じるレジストの硬化反応である。

　ここでは、その基本的なメカニズムについて紹介する。

3.2 レジストの充填プロセス

　図13に示すように、これまでに2通りのレジスト塗布方式が提案されている。レジストの液滴をインクジェットにより基板に滴下する液滴滴下方式（図13-1）[14]と、レジストを基板に回転塗布してモールドをプレスするスピンコート方式（図13-2）がある。前者は、後述するが残膜厚の均一性に優れ、後者はスループットに優れる。ここでは、両方式におけるルド微細構造へのレジストの充填プロセスについて紹介する。

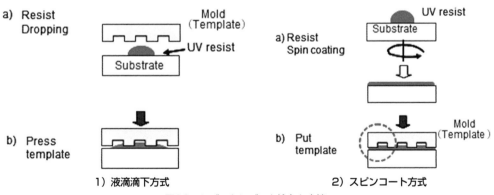

1）液滴滴下方式　　　　2）スピンコート方式
図13　レジストレジスト塗布と充填

3.2.1 液滴滴下方式での充填

レジストの充填挙動については、レジストを非圧縮性の流体として、Navier-Stokes の式と連続の式を解くことによりシミュレーションできる[15, 16]。

$$\rho \frac{\partial \vec{v}}{\partial t} + \rho(\vec{v} \cdot grad)\vec{v} = -grad\, P + \rho \vec{g} + \eta(grad\, div\, \vec{v}) \quad \cdots 1)$$

$$div\, \vec{v} = 0 \quad \cdots 2)$$

ここで、ρ、η、gは、それぞれレジストの比重、粘性率、重力加速度である。

ナノサイズの流路中では、表面張力の影響が大きくなるため、レジストと流路側壁（モールド面および基板表面）との境界条件の設定に注意を要する。

図14-1に、レジスト滴下タイプの場合の充填解析モデルを示す。モールドがレジストを基板に垂直方向にプレスした際、モールドによって圧搾された液滴レジストが、水平方向に流動するモデルを考える。レジストが水平方向に一定速度で押し出されてモールドパターンに充填するとし、レジストとモールドとの接触角とレジストと基板との接触角 を変化させ、充填状態について計算した。

図14-2に、計算例を示す。ここでは、大気中での充填を想定した。モールド表面の撥水性が高い（レジストとモールドとの接触角 θ_T が大きい）場合には、パターン内へのレジスト充填が抑制されるため、パターン中に気泡が取り込まれる（a：Bubble trapping）。モールド表面の濡れ性が大きい（θ_T が小さい）場合には、毛細管現象によりパターン側壁に沿って流れ易くなる。このため、気泡を押し出すようにレジストがパターン内に充填され、気泡の発生が回避される（b：No bubble）。一方、基板の濡れ性が良い（レジストとの基板の接触角 θ_S が小さい）場合には、レジストは基板面に沿って流れ易くなるため、レジストはパターン内に入り込まずに基板表面を流れ出す状態となる（c：Unfilled）。このため、モールドと基板の表面状態の最適化が必要となる。

図14-3に、レジストと基板間の接触角 θ_S とレジストとモールド（テンプレート）間の接触角 θ_T に対する充填結果を示す。充填状態だけを考慮すると、基板との接触角を高く（撥水性）、モールドとの接触角を低く（親水性）に保つことにより、気泡の取り込みは回避できる。しかし、モールドの離型を考えると、レジストがモールドに付着したまま基板から剥離される状態となるため、トレードオフが生じる。

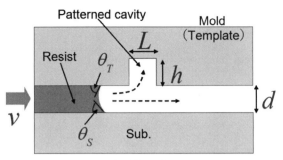

1) 計算モデル

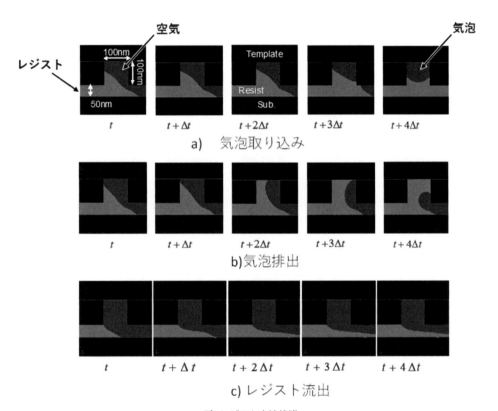

a) 気泡取り込み

b) 気泡排出

c) レジスト流出

2) レジスト充填状態

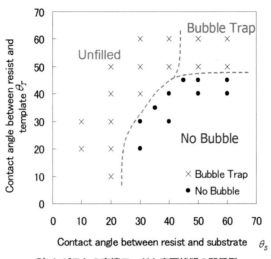

3）レジストの充填モードと表面状態の関係例
図14　レジスト滴下プロセスでのレジスト充填過程

3.2.2　スピンコート法と凝縮性気体雰囲気中での充填

　次に、図15にスピンコートしたレジストへの充填プロセスを示す。モールドが垂直方向にレジストをプレスすると、パターン内に雰囲気中の気体が閉じ込められ、致命的な欠陥となる。これを解消するため、後にも触れるが、凝縮性気体雰囲気中で行う方法が実用化されている[17]。ここでは、凝縮性気体と粘性流体の二相流れについて、気体の凝縮性を取り入れた解析を行った[18]。

　図15-1）に、大気中ならびに凝縮性気体（ペンタフルオロプロパン）雰囲気中での、パターン内へのレジストの充填率と、モールドの垂直方向の移動時間を示す。大気中では、高密度に圧縮された空気がバネとなって振動を生じながら気泡が閉じ込められる。一方、凝縮性気体雰囲気中では、気体圧力が一定に保たれたまま縮小していく様子が示されている。図15-2）に、凝集性気体雰囲気中での充填状態の解析結果を示す。

　パターンサイズが小さい場合（w = 100 nm）には、モールドとの表面張力により側壁に沿った流れが抑制されてパターン中央部分がやや盛り上がりながら充填が進み、気体はパターン端部に追い込められて液化し消滅する。パターン寸法がさらに小さくなると、レジスト自体の表面張力も大きくなり、狭窄パターンへの充填時間は増加する。しかし、定量的にはナノサイズのパターンにおいては、充填時間がマイクロ秒オーダーであり、実用上問題はない。

　一方、幅広のパターン（w = 800 nm）では、モールド側壁に沿ってレジストが流入し、気泡がパターン中央部に留置される。さらに、レジストがパターン中央部に向かって流入し、気体を凝縮させる。このため、幅広のパターンではレジストの充填に時間を要する結果となる。このように、パターンサイズが混在する場合には、充填モードが異なることが定性的に把握できた。

第1章　ナノインプリント・リソグラフィのメカニズムと半導体応用に向けて

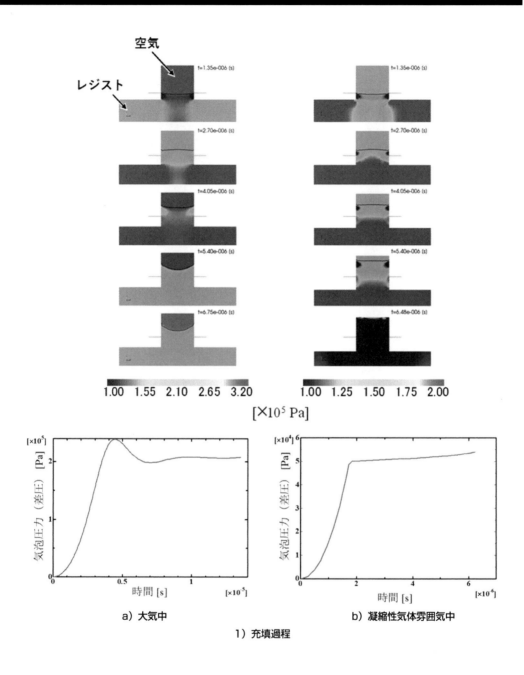

a）大気中　　　　　　　　　　　　b）凝縮性気体雰囲気中

1）充填過程

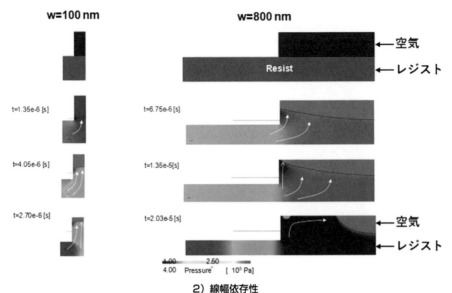

2) 線幅依存性
図15 スピンコートプロセスでのレジスト充填過程

3.3 UV照射プロセス

モールドに充填されたレジストは、モールドを通してUV光が照射される。モールドとレジストへの光伝搬は、Maxwellの方程式を解くことによって求めることができる。ここでは、時間差分法（FDTD；Finite Difference Time Domain Method）を用いて、レジスト中での光強度分布を求めた[19, 20]。

$$\varepsilon \frac{\partial E(r,t)}{\partial t} = \nabla \times H(r,t) \quad \cdots 3)$$

$$\mu \frac{\partial H(r,t)}{\partial t} = -\nabla \times E(r,t) \quad \cdots 4)$$

図16-1に、解析モデルを示す。レジストはパターン内部に全て充填されるとし、光照射によるレジストの光学的特性（複素屈折率）の変化は生じず、また吸収も生じないものと仮定した。レジストの屈折率を1.6とし、露光波長λを320 nmと仮定した。

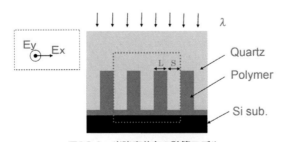

図16-1 光強度分布の計算モデル

図16-2に、レジスト中での光強度分布に関するパターンサイズ依存性を示す。ここでは、パターン幅LをL/λ＝1からL/λ＝1/4まで変化させた。

いずれの場合も、照射した光はレジスト底部に十分届いているが、波長と同程度のパターンサイズでは、屈折率の大きいレジスト側に光が引き寄せられている。一方で、パターンサイズLが波長λの1/4程度になると、光はレジストとモールドの屈折率差を無視する形で、均一に進行する。また、シリコン基板からの反射による定在波が形成されている。

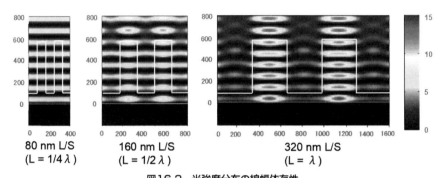

図16-2　光強度分布の線幅依存性
（λ = 320nm, the optical index of the quartz nq = 1.49, the optical index of the photopolymer np = 1.60）

図16-3 に、線幅25 nmと50 nmのパターンに波長365 nmの光を照射した場合の光強度分布を示す。波長より十分微細なナノスケールのパターンでは、ほぼ均一に近い状態で露光されることがわかる。しかし、波長と同程度あるいはそれより大きいマイクロパターンにおいては、光の回折や干渉が生じ、場合によっては致命的な欠陥となることが理論的にも実験的にも検証されている。このため、これらの現象が生じる領域のパターンサイズにおいては、プロセスやパターンの設計に注意が必要となる。

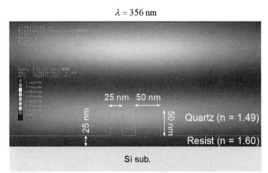

図16-3　ナノスケールパターンにおける光強度分布の計算例（＝356 nm）

3.4　UV硬化プロセス

UVの照射と並行して、レジストの硬化が生じる。光硬化性樹脂には、硬化のメカニズムとしてラジカル系、カチオン系などがある[21-24]。いずれも、UV照射により、重合反応によって分子量が増大

して固形化する。UV硬化により、レジストは液体状態から固体状態に変化し、粘弾性率の上昇と体積収縮が生じる。最終的には、弾性率が数GPa程度の弾性体に変化する。ここでは、UV照射による光硬化過程をモデル化し、実験で検証した[25, 26]。

UV照射により、光開始材C_iが分解し、活性化されたラジカルR^*を生成する。このラジカルが起点となり、モノマーの反応基と反応することにより、同じモノマーの別の分子を活性化させてラジカル種を持った活性モノマーに変化させる開始反応が起こる。この間の化学式は、

$$C_i \rightarrow R^* \quad \cdots 5)$$

$$R + M \rightarrow R-M^* \quad \cdots 6)$$

で表される。

続いて、活性モノマーが他のモノマーと結合することにより、式7)に示すように結合したモノマーを活性化させて成長する。この反応が連鎖的に生じることにより、分子量が増大する重合反応へと展開する。

$$R-M_n^* + M \rightarrow R-M_{n+1}^* \quad \cdots 7)$$

連鎖反応の過程で、活性化されたポリマー同志が反応すると、式8)に示すように互いに結合した後、失活して重合の連鎖反応は停止する。

$$R-M_m^* + R-M_n^* \rightarrow R-M_{m+n}-R \quad \cdots 8)$$

ここで、これらの反応速度について定式化する。

開始反応の速度V_Rは、ラジカル濃度の時間的変化と、光照射による開始材の分解速度に比例するとして、反応速度定数をk_d、UVの光吸収係数をf、ラジカル濃度$[R]$を、開始剤濃度を$[C_i]$とすると、ラジカルの生成速度は、

$$V_R = \frac{d[R]}{dt} = 2k_d f [C_i] \quad \cdots 9)$$

と表される。

一方、重合反応速度V_pは、反応速度定数をk_p、モノマー濃度を$[M]$とすると、モノマーの消費速度が重合反応速度に相当するので、

$$V_p = -\frac{d[M]}{dt} = k_p [R][M] \quad \cdots 10)$$

となる。また、停止反応速度 V_t は、ラジカル同同士の濃度の積となるので、反応速度定数を k_t として

$$V_t = k_t[R][R] \quad \cdots 11)$$

と表される。

　反応中の定常状態においては、生成速度と分解速度が等しい状態であるので、開始反応速度 V_R と停止反応速度 V_t は平衡する。したがって、

$$V_R = V_t \quad \cdots 12)$$

となる。これよりラジカル濃度 $[R]$ は、

$$[R] = \left[\frac{2k_d f}{k_t}\right]^{1/2} \sqrt{[C_i]} \quad \cdots 13)$$

と表せる。これを式2.17に代入すると、反応速度は

$$\begin{aligned} V_p &= -\frac{d[M]}{dt} = k_p[R][M] \\ &= k_p \left[\frac{2k_d f}{k_t}\right]^{1/2} [M]\sqrt{[C_i]} \quad \cdots 14) \\ &= K[M]\sqrt{[C_i]} \end{aligned}$$

となり、モノマー濃度 $[M]$ に関する微分方程式が導出できる。モノマーの初期濃度を $[M_0]$ としてこれを解くと、

$$[M] = [M_0]\exp(-K\int \sqrt{[C_i]}\,dt) \quad \cdots 15)$$

が得られる。ここで、モノマーの消費割合 Conversion Ratio (CR) は、

$$\begin{aligned} CR &= 1 - \frac{[M]}{[M_0]} \quad \cdots 16) \\ &= 1 - \exp(-K\int \sqrt{[C_i]}\,dt) \end{aligned}$$

で表される。CRは、モノマーに含まれる特定の反応基の赤外吸収スペクトルなどにより測定することができる。

一方、開始反応速度V_Rは、1l・s当たりのモル吸光強度をI_a、光子吸収につき連鎖反応が開始する数をΦとして

$$V_R = 2\Phi I_a \quad \cdots 17)$$

とも表せる。I_aは、UV照射強度Iに比例するので

$$V_R \propto 2\Phi I \quad \cdots 18)$$

となる。また、式9) より

$$[C_i] \propto I \quad \cdots 19)$$

の関係が得られる。

ここで、光開始剤が十分量供給されていると仮定すると、硬化反応中の光開始剤濃度を一定とみなすことができる。

したがって、$[C_i]$は光強度Iに比例すると仮定して、初期開始剤濃度$[C_0]$とすると、CRは

$$CR = 1 - \exp(-K'\sqrt{[C_0] \cdot I} \cdot t) \quad \cdots 20)$$

と表せる。

すなわち、UVラジカル重合型レジストの反応過程は、UV照射強度I、照射時間tに対して、$\sqrt{I} \cdot t$に関する関数とて表現できる。ここでは、$\sqrt{I} \cdot t$を実効照射時間と呼ぶことにする。

図17に、試験用UVナノインプリントレジスト C-TGC 02（東洋合成）について、モノマーの消費率ならびに貯蔵弾性率の実効照射時間との関係を示す。従来のフォトレジストと同様にDose量$I \cdot t$に対する硬化特性を示す。モノマー消費率CRならびに貯蔵弾性率のいずれも照射強度Iに依存することが示される。

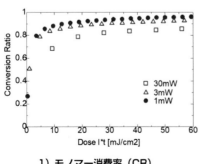

1) モノマー消費率（CR）

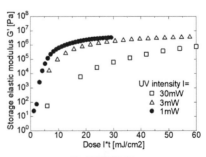

2) 貯蔵弾性率

図17　光硬化性樹脂の照射特性（Dose量：$I \cdot t$依存性）

これに対して、図18に示すように、実効照射時間$\sqrt{I}\cdot t$の依存性をグラフにすると露光強度Iが変化しても硬化特性は変わらず、一義的に表現できる。すなわち、露光時間tと露光強度Iのプロセス設計が可能となる。

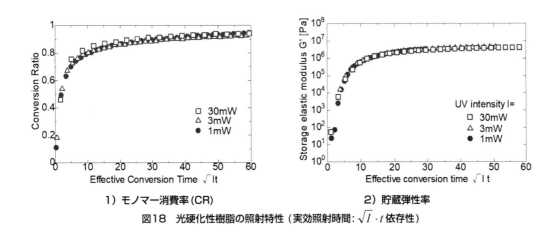

1）モノマー消費率（CR）　　　　　　　　2）貯蔵弾性率

図18　光硬化性樹脂の照射特性（実効照射時間：$\sqrt{I}\cdot t$依存性）

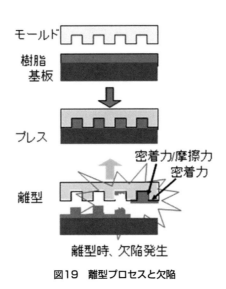

図19　離型プロセスと欠陥

4. 離型のメカニズム
4.1 離型とは
　離型プロセスは、図19に示すようにモールドを樹脂から剥離し、成型した樹脂構造を得る最終のプロセスとなる。離型では、樹脂などの被加工材利用だけでなく、モールドにもダメージを与えないように取り除く必要がある。モールド、樹脂双方に過度なストレスが生じると樹脂やモールドの破壊や、樹脂が基板から剥離し、離型プロセスの不良が生じる。そのためには、離型の力学的なメカニズムを理解し、欠陥が生じない対策を講じる必要がある。ここでは、離型の力学的なメカニズムと、離型不良の対策について述べる。

4.2 離型のメカニズム
　図20に、モールドを引き上げる離型力と、モールドの変位の関係を実測した一例を示す。モールドが上昇を開始するとともに、離型力はモールドの変位にほぼ比例して増大する。その後、離型力はピークを迎え、減少に転じる。微小な力が残留したのち、モールドが樹脂から完全に離され、離型力はゼロとなる。同様の実験結果が幾つか報告されている[27, 28]。ここでは離型のメカニズムについて、破壊力学[29]に基づいたシミュレーション解析に基づき説明する。

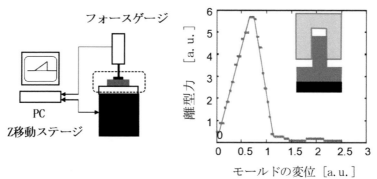

図20　モールドの変位と離型力

4.2.1 破壊力学に基づく離型解析
　図21に、破壊力学で示される亀裂モードと離型プロセスとの対応を示す。樹脂が基板から垂直方向に剥離される場合はmode Ⅰの開口型、モールド側壁部分では、静止摩擦を含むmode Ⅱの面内せん断型、モールドがパターン軸方向に平行に回転して剥離する場合はmode Ⅲの面外せん断型が相当する。

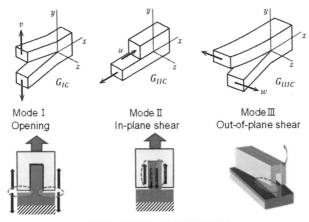

図21 亀裂モードと樹脂の剥離

図22に、解析モデルを示す。臨界エネルギー G_I と G_{II} は等しいとし、初期亀裂は応力集中が生じるコーナー部分で発生するとした。

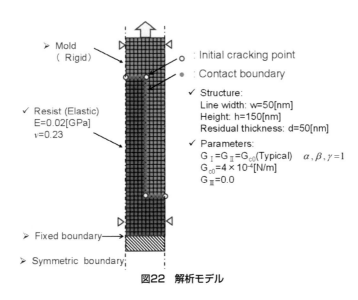

図22 解析モデル

図23に、モールドの変位に対応する離型力の変化を示す。離型が開始されると、o-aでは樹脂がモールドに固着したまま引っ張られて弾性的に延伸する。このとき、モールドの底部と樹脂との界面にエネルギーが蓄積さる。これが開口臨界エネルギーを超えると、モールド底部から剥離が開始され、底部が剥離する(a-c)。剥離後には、負荷としての離型力は低減する。

続いて、剥離（亀裂）がモールド側壁に沿って上部に進展する。この時、パターン部分の樹脂が延伸し、離型力は徐々に増大する(c-e)。最後に、モールドの上底部分に剥離が生じ、モールドが樹脂から完全に剥離される(c-g)。最後に、モールドは樹脂と接触しながら取り去られる（h）。

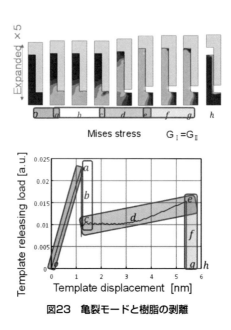

図23 亀裂モードと樹脂の剥離

　この結果を図20の実験結果と対比すると、離型初期の弾性的な離型力の増加は、残膜部分の樹脂の延伸によるもので、モールド底部が剥離すると離型力が減少する。底部が剥離された後、比較的弱い離型力で側壁の亀裂が進展し、最後にモールド上底部が剥離してモールドが樹脂から取り除かれ、離型力はゼロとなる。臨界エネルギーは、亀裂の進展を実験的に観察することによって測定できる[30]。

4.2.2 接触境界に基づく離型解析

　破壊力学による解法では、初期亀裂の位置を入力する必要があり、複雑な形状では初期亀裂の位置の設定に、任意性が生じる。また、それぞれの臨界エネルギーは簡便には測定できない。このため、界面での応力の臨界値を用いたモデルを用い、接触問題として扱う解析を行った[31,32]。

　樹脂/モールド界面に作用する垂直応力成分をσ_n、せん断応力成分をσ_sとし、それぞれ剥離するための臨界応力をPn、Psとすると、

$$(\sigma_n/Pn)^2 + (\sigma_s/Ps)^2 > 1 \quad \cdots (21)$$

が満足されるときに固着面から剥離が生じるとした[32]。なお、21式は、無次元ではあるが、力の二乗の量を表し、エネルギーの総和に相当するといえる。

　図24に、Pn、Psの測定方法の一例を示す[33]。ここではプローブ顕微鏡を用いて、垂直臨界はく離応力（モールドと樹脂の付着力に相当）Pnと、せん断臨界剥離応力（モールドの静止摩擦力に相当）Psを実験的に求めた。プローブは、微小ガラス球表面に、モールドの表面処理に用いるフッ素

樹脂用のシランカップリング剤（OPTOOL-DSX：ダイキン社製）をコートしたものを用いた。樹脂はPMMA（ポリメタクリル酸メチル）を用い、Si基板上に回転塗布したサンプルを用意した。プローブをPMMAに押し込んだのち、垂直はく離力と静止摩擦力を測定した。測定結果を、表1に示す。ここで試した系では、離型のフォースカーブを特徴づけるPn/Ps比は、約10倍から20倍となり、静止摩擦の影響が大きい系である。

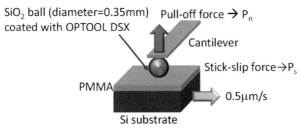

図24　プローブ顕微鏡による固着力と静止摩擦力の測定

表1　樹脂（PMMA）／モールド（SiO2）間のトライボロジー特性の測定結果

Sample	A	B	C
PMMA thickness[nm]	120	80	52
P_n[kPa]	25.6	15.6	10.7
P_s[kPa]	180	313	195
P_s/P_n	7.0	20	18

図25に、モールドの変位に対する離型力の変化を示す。破壊力学モデルと同等の挙動が再現できている。また、実験結果の傾向とも一致する。このモデルでは、臨界剥離応力を実験的に求めることが比較的容易であり、離型の開始点を指定する必要が無いため、簡便に計算が実施できる。

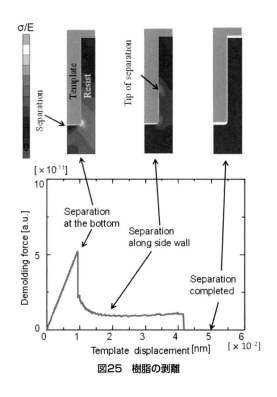

図25 樹脂の剥離

4.3 傾斜角付きパターンによる離型モデルの検証

離型力により、樹脂内部に歪が発生し、樹脂の破断などの欠陥原因となる。このため、離型力は低く抑えることが求められる。そこで、上述のモデルの検証も兼ねて、モールドパターンの側壁傾斜角を変化させて静止摩擦の影響を緩和し、離型力を低下させることを試みた[33]。

図26に実験並びにシミュレーション結果を示す。用いたモールドの断面写真と、離型力のフォースカーブを示す。Pn/Psが10程度の時、実験と計算はよく一致する。この場合には、傾斜角が約75度以下ではモールド底部の固着力が支配的となり、離型力の低減効果が消滅することがわかる。

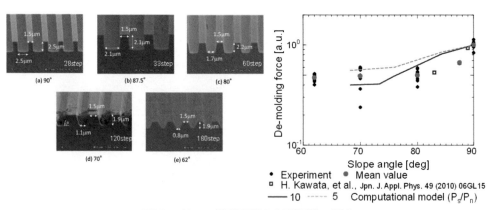

図26 パターン側壁傾斜角による離型力の低減

4.4 離型性向上のための方策

離型に要する力を低減させ、離型性を向上させるためには、樹脂とモールドとの密着力（界面エネルギー）とモールド界面との静止摩擦を低減させるなどの対策が必要となる。これまでに、化学的手法と、力学的手法が示されている。

4.4.1 化学的手法による離型性向上
a) モールド表面処理

モールドの表面エネルギーを低減してモールド／樹脂の密着力・静止摩擦を抑制するために、表面コートが有効となる。このためには、例えばシランカップリング剤によるフッ素系分子樹脂膜のコーティングが有効である[34]。また、Niなどの金属モールドに対しては、そのままではシランカップリングが困難なため、金属表面に処理を施すコーティング剤がナノインプリント用として供給されている。

これらの処理には、モールド表面を原子レベルで清浄化する前処理が肝要となる。このためには、有機溶剤による超音波洗浄に加えて、UVオゾンによる表面洗浄を行い、表面に付着した有機物を完全に取り除く必要がある。

b) 樹脂への偏析剤の添加

モールドの表面処理は、離型性の改善に極めて有効であるが、耐久性に課題が残る。このために、樹脂／モールド界面に表面エネルギーの小さいフッ素系分子などを偏析剤として樹脂に添加する方法がある。離型性を向上させるために樹脂に予め添加されているものもある。

c) プライマーによる樹脂／基板密着性の向上

離型による欠陥を低減するためには、モールド／樹脂の密着性も向上させる必要がある。このため、プライマーと呼ばれるシランカップリング剤により基板表面処理を行い、樹脂と親和性のある樹脂膜をコートする必要がある。フォトレジストのコーティングに一般的に用いられているHMDS（Hexamethyldisilazane）などで表面処理を行うと効果的である。

4.4.2 力学的手法による離型性向上
a) モールド／樹脂材料の弾性率の影響と最適化[35]

モールド／樹脂界面に作用する垂直ならびにせん断方向の応力は、モールドと樹脂の弾性率（Et/Em）により定まる。図27に、モールドと樹脂材料の弾性率比に対する離型力の変化の計算結果を示す。

ここで、まず側壁界面での静止摩擦力が小さい場合を考える。モールドもしくは樹脂いずれか一方の弾性率が高い場合（$Et/Em \gg 1$ or $\ll 1$）には、モールドの凸部先端ならびに凹部底部での界面に垂直に働く応力は、バランスを失い、界面に垂直方向に対してより大きい応力が発生する弾性率の高い材料の凸部分から剥離が始まる。樹脂とモールド材料の弾性率が等しい場合（$Et/Em=1$）には、凸部ならびに凹部の界面に均一な応力が発生するため、側壁の静止摩擦が無視できる場合には、約

2倍の離型力が必要となる。このような場合には、モールドと樹脂の弾性率が異なることが好ましい。

　一方で、モールド側壁の静止摩擦力（$Ps/Pn \gg 1$）が大きい場合には、離型力はモールドもしくは樹脂材料の弾性率に比例してせん断による離型力が発生するため、いずれかの弾性率の上昇に伴って離型力も増大する。

　このため、摩擦の有無にかかわらず、樹脂とモールドの弾性率に大きな差が無いことが好ましいことになろう。

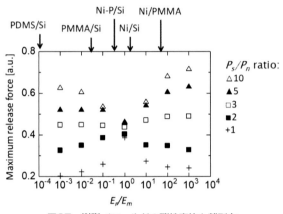

図27　樹脂／モールドの弾性率比と離型力

b）ピール離型とモールドの剛性

　モールドを基板から垂直方向に引き上げる方法に対して、図28に示すようにピーリングと呼ばれる方法がある。ピーリングによる離型では、モールドを撓ませて、片側から順次剥離を進行させる。ここでは、モールドを樹脂か剥離する際の剥離力と、樹脂の欠陥率を調べた。

　ここで、梁の曲げによるモールドのたわみΔyは、モールドの弾性率E、厚さt、モールドの幅b、長さL、モールドに加わる力Fとすると、パターン部分の構造を無視すると梁の曲げの公式より

$$\Delta y = \frac{1}{Et^3}\frac{4f}{b}L^3 \quad \cdots 22)$$

と表せる。ここで、Et^3はモールドの単位幅あたりの曲げ剛性と呼ばれるもので、モールド材料の弾性率と厚さによって定まり、曲げ剛性の値が同じであれば異なった弾性率を持つ材料を用いても、力学的には等価となる。このため、モールドの剛性に対する剥離力と発生する歪について調べた。

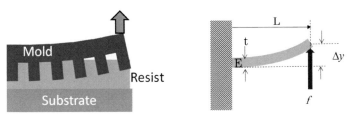

図28 ピール離型

図29に、モールドの剛性に対する離型力と欠陥ならびに歪の計算ならびに、欠陥率の実験結果を示す。なお、実験では、樹脂に光硬化性樹脂を用い、直径2μmでアスペクト比が2のピラーパターンを用いた。欠陥率を定量化するため、モールドの離型処理は通常より劣化させたものを用いて、離型で生じるピラーの曲げによる欠陥を発生しやすい状態とした。シミュレーションでは、モールドの端部に生じる力を計算するとともに、曲げによりパターン内部で発生する主歪の最大値を調べた。

図29に示すように、離型力は、剛性が高くなると増加する。これは、剛性の上昇によりパターンとの接触面が増加し、全体での離型力が増すためである。一方、欠陥ならびに誘発される歪は、剛性の増加とともに減少する。これは剛性の増大により、離型時のモールドパターンの傾きが軽減され、欠陥が減少するためと考えられる。両者はトレードオフの関係となるため、パターン形状や材料特性に応じて、モールド剛性の最適化が必要となる。

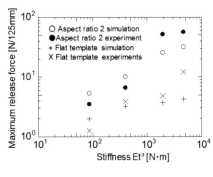
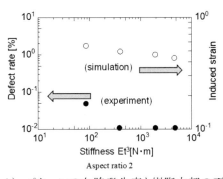

a) 最大離型力　　　b) パターンの欠陥発生率と樹脂内部の歪

図29 ピール離型による離型力と欠陥の発生

c）離型方法による違い

離型の要は、モールドを樹脂から剥離することにある。このためには、モールド／樹脂界面にエネルギーを与えることが肝要となる。モールドを一方向に引き上げることにより、界面に力学エネルギーを供給するのが普通であるが、力の方向が変化する振動としてエネルギーを供給することもできる。

図30は、モールドを上下に振動させて離型を行った場合に、欠陥割合が他の方法に比べて低く抑えられていることがわかる[36]。これは、モールドと樹脂界面に、剥離させるためのエネルギーをより小さい力で効率よく与えたためと考えられ、前節で述べた離型メカニズムの考え方と一致する。

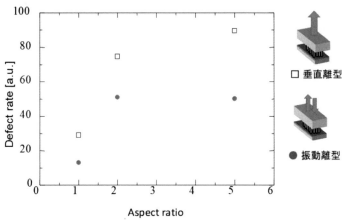

図30　機械的離型方法による欠陥の発生割合

5. ナノインプリントの限界解像性と分子挙動

ここでは、ナノインプリントにおける分子挙動の影響について、分子動力学解析から垣間見える現象について紹介し、ナノインプリントの限界と求められる材料・プセス像について考察する。なお、ここでは、実験的な検証が困難な事象が多く、分子動力学計算の結果より、類推できる現象について述べている。

5.1 分子サイズと成型性[37]

熱・光ナノインプリントでは、主として高分子樹脂材料が用いられている。その分子構造は、直鎖タイプの単純な構造から、六員環などの大きい側鎖を持つ分子までさまざまである。ナノインプリントにおける成形性は、マクロな観点からは、材料の粘性率がひとつの指針となる。粘性率あるいはせん断弾性率の小さい樹脂の方が成型性に優れることが推定できる。しかし、ナノインプリントのように、分子サイズに匹敵する数nm以下の寸法領域では、これまでの連続体力学に基づく粘性という概念だけでは、表現できない事象が生じる。

図31は、PMMA（分子量12万）の成型性について、従来の連続体力学による解析と、樹脂の分子挙動を1分子ごとに追跡する分子動力学法により解析した結果を示す。分子動力学解析では、幅1 nmのパターンにはPMMAが充填しないことが示されている。

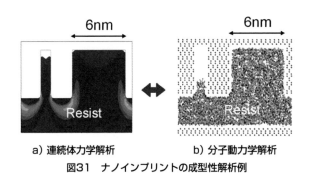

a) 連続体力学解析　　　b) 分子動力学解析
図31　ナノインプリントの成型性解析例

図2にも示したように、これまでナノインプリントによって成形が報告された最小の寸法は、原子ステップの0.2 nmである[38]。この時、被加工材料はシリカガラスを用いている。樹脂材料よりも高解像度が得られるのは何故だろうか。

図32に、異なった分子量のPMMAに対して、モールドパターンの幅を変化させたときに、充填に必要な圧力を計算した結果を示す。パターン幅が狭くなるに従い、急激に必要なプレス圧力が増大し、成型性が悪化する。その境界が、図に示すように、PMMAの分子径（2R）のサイズとほぼ合致することがわかる。

029

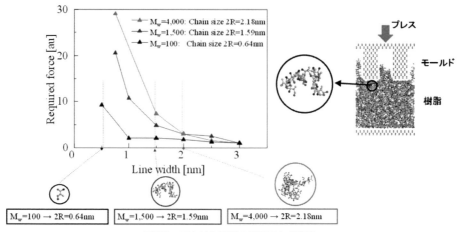

図32　アクリル樹脂の分子量と成型性

　従って、ナノインプリントでの限界解像性は、用いる材料の分子径によって制限されることがわかる。

5.2　熱、光ナノインプリントの限界解像性

　ここでは、熱、光ナノインプリントの解像性について、その力学的観点から述べる。図33は、アクリルを例に、分子量と分子径の関係を示す。分子の構造により多少変化はするものの、高分子材料に対してのおよその概算値となる。これによると、これまで最も高い解像性が示されたシリカガラスの分子径は、約0.3 nmであり、樹脂材料より小さい。

　光ナノインプリントで用いる未硬化のモノマーの分子径は、PMMAの分子量が概ね1,000から10,000程度の大きさとすると、分子径は2から3 nmとなる。ストレスのない充填には、その3倍程度のパターン幅が必要と仮定すると、光硬化性樹脂による光ナノインプリントの限界解像度は、数nmレベルと推定できる。

　一方、熱ナノインプリントでは、分子量が低い場合には脆いため、成形物が壊れやすい。そのため、例えばPMMAでは10万から30万程度の分子量が必要となる、その場合、分子径は数nmとなり、その3倍の10数nmが解像限界となると推定できる。

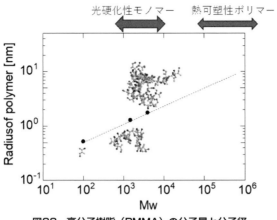

図33 高分子樹脂（PMMA）の分子量と分子径

5.3 光硬化プロセスでの分子挙動[39]

光ナノインプリントでは、光硬化性樹脂の重合反応が生じるが、ナノ空間中での分子間の相互作用により、バルク中の反応に比べて壁面などの影響が発現する。

図34に、計算モデルを示す。光照射により活性化する開始剤を乱数で指定し、開始剤から反応半径内に存在するモノマーを検索する。その中からランダムに反応するモノマーを選び、活性化させる。続いて活性化したモノマーから反応半径内に存在する別の未反応のモノマーと反応を繰り返すことにより、重合による連鎖反応をモデル化した。重合反応は、反応距離の内にモノマーが存在しないかキャビティ壁面あるいは基板に達すると終了するとした。重合終了後、動力学計算によりファンデルワールス力により、重合した分子間の距離を縮めて収縮を計算した[40]。

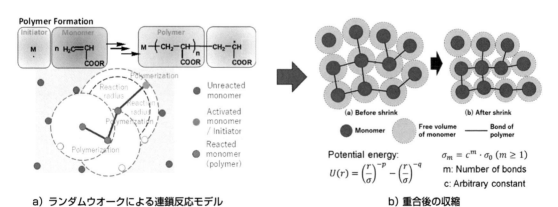

a) ランダムウオークによる連鎖反応モデル　　　　　b) 重合後の収縮

図34 光硬化性樹脂の硬化・収縮のシミュレーションモデル

図35に、計算モデルの妥当性を検証するため、開始剤濃度と重合度の関係を調べた。重合理論[40]どおりに、重合度は開始剤濃度の1/2乗に反比例する形となった。

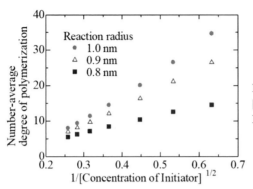

図35　開始剤濃度と重合度の計算結果の検証

このモデルを用いて、一辺20 nmの立方体パターン内でのレジスト樹脂のモノマーの変換率（conversion ratio）について、残膜厚依存性を調べた。残膜厚が薄くなると、変換率が低下する結果となった。これは、基板での重合の遮断（ターミネーション）が生じたためと考えられる。キャビティサイズが小さくなった場合も、同様に変換率が低下するものと考えられる。

このため、バルク状態に比べ、ナノ空間中では重合反応が鈍化し、バルク状態と比して十分な硬化状態が得られないことが推察できる。

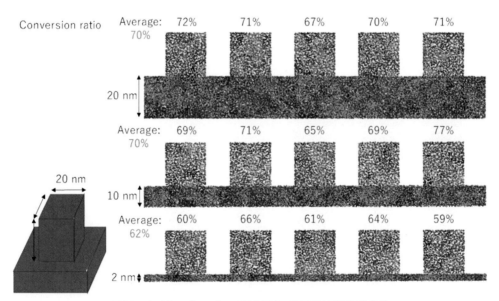

図36　ナノキャビティ中での重合反応の進展率の残膜厚依存性

5.4　圧搾状態での分子挙動[41]

熱、光ナノインプリントでは、モールドと基板に挟まれた圧搾空間での分子の挙動は、モールドのアライメントや、モールドパターンへの分子の流動に係ってくる。ここでは、ナノ空間で圧搾状態にある分子のせん断挙動について、分子動力学による解析結果について紹介する。

図37にポリエチレン（PE）とアクリル（PMMA）のモノマーならびに重合度が4の高分子樹脂に対して、圧搾状態でモールドが水平方向に移動してせん断を受けた場合の分子動力学計算結果を示す。

図37（a）に示すでは、モノマー自体がコンパクトで対称性も良いため、モノマーの状態でせん断を受けると、モノマーが回転した状態でせん断される。分子鎖が大きくなると、モールド界面、樹脂内、基板界面で分子間でのせん断が生じ、横方向に分子が並ぶようになる。

PEと比べて側鎖がやや大きいPMMAの結果を、図37（b）に示す。モノマーの状態では、モノマーはモールド界面と基板界面に固定された状態となり、薄膜の中央部では、モノマー同士の摩擦によりモノマーが回転運動する。一方、重合度4（n=4）のポリマーでは、ポリマー同士の摩擦による滑りが減少し、反対にモールドならびに基板面でのスリップスティックが発生するようになる。さらに、間隙の高さが減少し、2nmとなるとポリマーはせん断により横方向に並び、さらに隙間が1nmとなるとポリマー分子が縦方向に配向したような状態となる。

いずれの場合も重合度が小さいモノマー状態の方が、せん断力は大きい。これは重合度が上がるとポリマー間の鎖の絡み合いが増加し、ポリマー内部の滑りが起こりにくくなるためと推察できる。また、PEとPMMAでは、モノマーの分子量や側鎖成分の大きいPMMAが、摩擦やせん断を受けやすく、せん断力が大きくなる傾向にある。

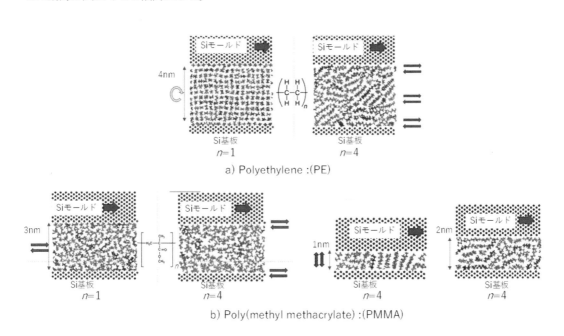

図37　圧搾状態での樹脂のせん断挙動

5.5　離型時の分子挙動[42]

ここでは、離型時の分子挙動について、同じくPMMA分子の分子量を変化させた場合の挙動を紹介する。図38は、分子径に対する離型力の関係を示す。分子径すなわち分子量が増大すると離型力は上昇するが、さらに分子径が大きくなると、減少する。この時、分子の状態を観察すると、(a) に

示すように、分子径すなわち分子量が小さい状態では、引張りにより樹脂全体が伸びようとするが、分子径が小さいため分子の延伸は生じず、分子同士の摩擦により、引張に対して反力が発生しながら延伸する。次に、(b)に示すように、分子が大きくなると、分子自身が延伸し、反力も増大する。さらに分子が大きくなり、パターンキャビティと同等かそれ以上になると、(c)に示すように、パターン内の樹脂は巨大分子となるため、せん断や延伸し難くなくなり、モールドとの界面での摩擦力が反力となる。この時離型力は減少する。

　このように、分子の大きさにより、離型時に発生する反力のメカニズムとその大きさが変化する。樹脂自体の変形を避けた方が離型力が低減することから、モノマーが重合により巨大化する光ナノインプリントの方が、機械的には有利とも考えることができる。実際には、界面での摩擦や密着を考慮する必要があり、界面化学な見地からの分析も必要となる。

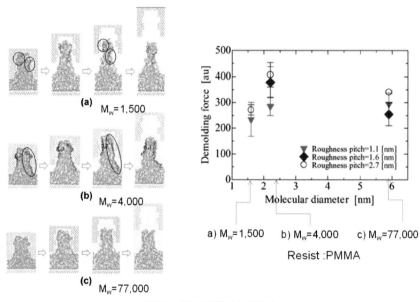

図38　分子径と離型力の関係

6. ナノインプリントの半導体集積回路への応用

ここでは、「半導体」の中でも市場規模が7割超を占め、技術的にも最も高度なロジックならびにメモリー半導体集積回路へのナノインプリントの応用について、その基本的な要件と課題について触れる。

6.1 半導体前工程への応用

2節でも述べたが、ナノインプリントは、ナノインプリント・リソグラフィと称せられるように、半導体リソグラフィ技術への応用が期待されている。これは、優れた解像性に期待が寄せられたものである。とくに、先端半導体の前工程と呼ばれるトランジスとその配線を担う確信部分では、リソグラフィの性能が半導体チップの性能と収益を左右する。

本書では、半導体リソグラフィとしてのナノインプリント装置や、前工程、後工程での具体的応用事例について述べられているので、ここでは、半導体集積回路への応用について、一般的な要件と課題について触れる。

半導体リソグラフィへの応用は、単に解像性が優れているだけでは実現できない。その主な要件と課題を挙げる。

1) 解像性：最も重要な性能であり、リソグラフィ装置の指針となる。限界解像性は、用いる樹脂の分子サイズに依ると考えられる。従って、原理的には数nm以下のサイズまで可能と考えられる。重要な要素として、ナノインプリントでの解像性は、モールドの加工寸法に依存することである。モールドを加工するためには、電子線リソグラフィを用いる必要があり、その解像性は10nm以下の能力がある。しかし、電子線リソグラフィの解像性を上げるためには、加速電圧を高くし電流量を絞る必要があるため、描画時間が長くなり、モールドのコストに反映される。このため、モールドの低コスト化も必要となる。

2) 離型性：モールドを離型する際に、レジスト樹脂にダメージを与え、回路パターンが切断あるいは短絡されたりする恐れがある。CPUなどのロジック半導体では、回路パターンのダメージは許させないため、完璧な離型が必要となる。また、モールド側にレジストが付着することによる欠陥や、モールドパターンが破壊された場合には、モールドを新しいものと交換する必要がある。このための解決策として、原版のマスターモールドからレプリカモールドを作製することが行われている。

3) モールド：上記のように、モールドの解像性、コスト、レプリカモールドの作製が、ナノインプリントを支える重要な技術となる。

4) アライメント：半導体集積回路では、基板のパターンと、モールドのパターンの位置を正確に合わせる必要がある。一般的には、パターンの線幅の20%から10%の位置合わせ精度が必要となるため、現状の先端素子では2nmあるいはそれ以下の位置合わせ精度が要求される。これはナノインプリントに限ったことではないが、縮小投影系のフォトリソグラフィのマスクと基板のような位置関係ではないため、独自の精密機構が必要となる。

5) スループット：半導体集積回路の量産には、1時間あたりに少なくとも100枚以上のウエハを処理する必要があると言われている。これを一つの集積回路のナノインプリント時間に置き換える

と、数秒前後あるいはそれ以上の速さで、レジスト塗布、位置合わせ、プレス、UV照射、離型を済ませる必要がある。

6) パーティクル：ナノインプリントに限らず、ゴミによる欠陥発生は、半導体量産プロセスで常時課題となる。特にナノインプリントでは、モールドをレジスト樹脂に直接コンタクトするため、パーティクルの存在は、離型での欠陥と同様あるいはそれ以上に致命的なダメージを与える。このため、環境下でのクリーン度の確保や、レジスト材料、モールドへのパーティクルの除去が必要となる。

7) レジスト残膜厚の薄膜化、均一化：ナノインプリントでは、残膜が発生する。この膜厚が不均一であると引き続くドライエッチング工程に影響を与え、最終的な構造物の深さや形状が不均一となり、デバイス特性に影響する。このため、インクジェット方式などにより、レジストを回路パターンの体積密度に合わせてレジストを塗布することにより、残膜厚の均一化を図る必要がある。

このように、解像性が優れるだけでは、容易には半導体プロセスに利用はできない。現在、世界で唯一我が国の装置メーカー、モールドメーカー、デバイスメーカーがコンソーシアムを組んで、先端半導体デバイスのリソグラフィ工程への応用を進めている。特に、配線工程では、三次元的な多様な形状への対応性と、フォトレジスト以外の多様な材料の直接加工への対応性を生かした取り組みを展開しつつある。

そのひとつの例が、配線とスルーホールを同時に形成するデュアルダマシン工程である。従来のフォトリソグラフィを用いると、配線用のパターンとスルーホール用パターンの2回のリソグラフィと2種類のマスクが必要であったが、ナノインプリントを用いることにより、リソグラフィプロセスが1回で済むことになり、コストの低減につながる。これは、ナノインプリントの形状多様性を上手く利用したものである（図39）。

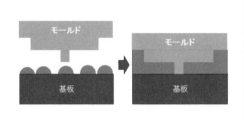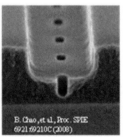

図39　デュアルダマシン構造の作製[43]
BH. Chao, et al,. Proc. SPIE 69210C (2008) より転載編集

6.2　半導体後工程への応用への期待

半導体後工程の微細化や集積化の新しい展開として、機能の異なる集積回路を1つの基板上に「集積化」するチップレット技術の開発が注目されている。これは、例えばロジック回路の上にメモリを実装し、三次元化したチップとすることにより、配線遅延時間の改善や高集積化をはかり、全体での

歩留まりとコストの改善と機能性の向上を図るものである。

　チップレット化を進めるうえで、上下の半導体チップを接続する再配線層と呼ばれる配線層の形成が一つの要となる。再配線層では、絶縁性材料層にアスペクト比の高い配線用の貫通パターンの形成が必要となる。ロードマップによれば、直径100 nmで深さ1 μmの貫通孔が必要とされている。

　現在のところ、感光性の絶縁膜材料を用いたフォトリソグラフィや、レーザーアブレーションによる形成が取り組まれている。しかし、フォトリソグラフィでは微細化に伴い焦点深度が減少するため、アスペクト比の高いサブミクロンパターンの一括形成は困難である。このため、ドライエッチとの併用となる。

　一方、ナノインプリントでは離型さえ成功すれば、原理的に深さ方向の成形に制限はない。さらに、多様な材料を直接加工することが可能である。このため、絶縁性の樹脂を用いる再配線層を直接成形加工する、ダイレクトナノインプリントの適応が期待される。これは、前工程でのデュアルダマシン工程とも共通し、形状の多様性を利用するとともに、場合によっては絶縁性の光硬化材料などを直接ナノインプリント加工することにより、リソグラフィとドライエッチングプロセスを省略して再配線パターン形成が可能となり、今後の開発が期待される。

6.3　間隙リソグラフィとしての利用

　ナノインプリントは、光学系やそれに合わせた線源が必要でないため、図3に例示したように、数十μmから数nmまでシームレスに解像できる。このため、従来のリソグラフィ装置の世代間の隙間を埋める利用方法もある。例えば、先端の半導体デバイスではなく、ローエンドのデバイスにおいては、1～2μm前後の解像度が必要になる。このように、近接露光装置では解像度がやや不足する。しかし、ランクアップしたi線の縮小投影露光機ではオーバースペックとなるうえ、装置コストがけた違いに増大する。

　このような解像度の間隙領域でのナノインプリントの利用は、コスト面から有効となる。最近では、先端メモリー半導体の配線工程において、ダブルパターニング後のチョッピングを施す工程において、ArF液浸ステッパーでは解像度不足となり、EUVステッパーではオーバースペックとなる数十nmレベルのパターニングでの応用例が報告されている[44]。

おわりに

　ナノインプリントは、優れた解像性、コスト性に加えて、加工形状や加工材料り多様性を備えたナノ加工技術である。一方で、離型で生じる欠陥や、モールドのコストをいかに回避しながらその長所を生かした産業応用を図るかが要となる。そのためにも、ナノインプリントの基本的なメカニズムや限界性能を理解しておくことが重要であると考える。

参考文献

1）S. Chou, P. Krauss, P. Renstorm; 'Imprint of sub-25 nm vias and trenches in polymers', *Appl. Phys. Lett.* **67**, 3114-3116 (1995).

2）J. Haisma, M. Verheijen, K. Heuvel, J. Berg; 'Mold-assisted nanolithography: A process for reliable pattern replication', *J. Vac. Sic. & Technol.* B **14**, 4124-4128 (1996).

3）S. Chou, P. Krauss, PJ. Renstrom: 'Nanoimprint lithography' *J. Vac. Sci. Technol.* B **14**, 4129-4133 (1996).

4）S. Chou, P. Krauss, W. Zhang, L. Guo; L. Zhuang; 'Sub-10 nm imprint lithography and applications' *J. Vac. Sci. Technol. B* **15**, 2897-2903(1997).

5）Y. Hirai, T. Konishi, T. Yoshikawa, S. Yoshida; 'Simulation and experimental study of polymer deformation in nano imprint lithography', *J. Vac. Sci. Technol.* B 22 3288-3293(2004).

6）T. Yoshikawa, T. Konishi, M. Nakajima, H. Kikuta; H. Kawata; Y. Hirai; *J. Vac. Sci. Technol.* B **23**, 2939-2943 (2005).

7）Y. Hirai, T. Yoshikawa, N. Takagi, S. Yoshida, and K. Yamamoto: 'Mechanical properties of polymethyl methacrylate (PMMA) for nano imprint lithography', *J. Photopolym. Sci. Technol.*, **16**, 615-620 (2003).

8）Y. Hirai, M. Fujiwara, T. Okuno, Y. Tanaka, M. Endo, S. Irie, K. Nakagawa and M. Sasago: 'Study of the resist deformation in nano imprint lithography ' *J. Vac. Sci. Technol. B* **19**, 2811-2815 (2001).

9）Y. Hirai, T. Konishi, T. Yoshikawa and S. Yoshida: 'Simulation and experimental study of polymer deformation in nano imprint lithography', *J. Vac. Sci. Technol.* B, **22** (2004) 3288-3293.

10）M. Mooney, 'A theory of large elastic deformation', *J. Appl. Phys.*, **11**, 582-592 (1940)

11）R.S. Rivlin, 'Large elastic deformations isotropic materials. IV. Further developments of the general theory,' *Philosophical Transactions of the Royal Society* A, **241**,379-397 (1948).

12）MSC Software Co., 'Nonlinear finite element analysis of elastomers' (2001).

13）Y. Hirai, S. Yoshida, N. Takagi, Y. Tanaka, H. Yabe, K. Sasaki, H. Sumitani, K. Yamamoto, 'High aspect pattern fabrication by nano imprint lithography using fine diamond mold', *Jpn. J. Appl. Phys.*,**42**, Part 1,3863-3866 (2003).

14）M. Colburm, S. Johnson, M. Stewart, S. Damle, T. Bailey, B. Choi, M. Wedlake, T. Michaelson, S. V. Sreenivasan, J. Ekerdt, C. G. Wilson; 'Step and flash imprint lithography: A new approach to high-resolution pattering', *Proc. of SPIE*, **3676**, 379-389 (1999).

15）D. Morihara, H. Hiroshima, Y. Hirai: 'Numerical study on bubble trapping in UV-nanoimprint lithography.' *Microelectronic Eng.* **86**, 684-687 (2009).

16）D. Morihara, Y. Nagaoka, H. Hiroshima, Y. Hirai: 'Numerical study on bubble trapping in UV nanoimprint lithography' *J. Vac. Sci. Technol.* B **27**, 2866-2868 (2009).

17) H. Hiroshima and M. Komuro: 'Control of Bubble Defects in UV Nanoimprint' *Jpn. J. Appl. Phys.* **46**, 6391-6394 (2007).

18) Y. Nagaoka, R. Suzuki, H. Hiroshima, N. Nishikura, H. Kawata, N. Yamazaki, T. Iwasaki, Y. Hirai:' Simulation of the resist filling properties under condensable gas ambient in UV nanoimprint lithography' *Jpn. J. Appl. Phys.* **51**, 06FJ07-6 (2012).

19) H. Ichkawa, H. Kikuta: 'Numerical feasibility study of the fabrication of subwavelength structure by mask lithography' *J. Opt. Soc. Am.* A **18**, 1093-1100 (2001).

20) Y. Hirai、H. Kikuta、T. Sanou: 'Study on optical intensity distribution in photocuring nanoimprint lithography' *J. Vac. Sci. Technol.* B. **21**, 2777-2782 (2003).

21) E. K. Kim., C. G. Willson: 'Thermal analysis for step and flash imprint lithography during UV curing process' *Microelectronic Engineering* **83**, 213-217 (2006).

22) M. D. Dickey, C. G. Willson; 'Kinetic parameters for step and flash imprint lithography photopolymerization' *American Institute of Chemical Engineers* J. **52**. 777-784 (2006).

23) N. Sakai, J Taniguchi, K Kawaguchi, M Ohtaguchi, T Hirasawa: 'Investigation of Application Availability of UV-NIL by Using Several Types of Photo-curable Resin' *J. Photopolymer Sci. and Technol.* **18**, 531-536 (2005).

24) N. Sakai: 'Photo-curable resin for UV-nanoimprint technology' *J. Photopolymer Sci. and Technol.* **22**, 133-145 (2009).

25) R. Suzuki, N. Sakai, A. Sekiguchi, Y. Matsumoto, R. Tanaka, Y. Hirai: 'Evaluation of curing characteristics in UV-NIL resist', *J. Photopolym. Sci. Technol.*,**23**, 51-54 (2010).

26) R. Suzuki, N. Sakai, T. Ohsaki, A. Sekiguchi, M. Kawata, Y. Hirai: 'Study on Curing Characteristic of UV Nanoimprint Resist', *J. Photopolym. Sci. Technol.***25**, 211-216 (2012).

27) S. Park, Z. Song, L. Brumfield, A. Amirsadeghi, J. Lee; 'Demolding temperature in thermal nanoimprint lithography', *Appl Phys* A **97**,395–402 (2009).

28) A. Amirsadeghi, J. Lee, S Park; 'A Simulation Study on the Effect of Cross-Linking Agent Concentration for Defect Tolerant Demolding in UV Nanoimprint Lithography', *Langmuir* **28**, 11546−11554 (2012).

29) T. Shiotsu, S. Ooi, Y. Watanabe, M. Yasuda, H. Kawata, T. Kobayashi, Y. Hirai; 'Simulation study on template releasing process based on fracture dynamics in nanoimprint lithography', *Microelec. Eng.* **123**, 105–111(2014).

30) T. Nishino, N. Fujikawa, H. Kawata, Y. Hirai; 'Evaluation of Demolding Energy for Various Demolding Modes in Embossing Process', *Jpn. J. Appl. Phys.* **52**, 06GJ05 (2013).

31) T. Shiotsu, N. Nishikura, M. Yasuda, H. Kawata, and Y. Hirai, Simulation study on the template release mechanism and damage estimation for various release methods in nanoimprint lithography, *J. Vac. Sci. Technol. B*, **31** 06FB07(2013).

32) M. Ortiz, A. Pandolfi; 'Finite-deformation irreversible cohesive elements for three-dimensional crack-propagation analysis', *Int. J. Numer. Mech. Engng.* **44**, 1267-1282 (1999).
33) T. Tochino, K. Uemura, M. Michalowski, K. Fujii, M. Yasuda, H. Kawata, Z. Rymuza, and Y. Hirai; 'Computational study of the effect of side wall quality of the template on release force in nanoimprint lithography', *Jpn. J. Appl. Phys.* **54**, 06FM06 (2015).
34) Y. Hirai, S. Yoshida, A. Okamoto, Y. Tanaka, M. Endo, S. Irie, H. Nakagawa, M. Sasago; 'Mold surface treatment for imprint lithography', *J. Photopolym. Sci. Technol.*, **14**, 457-462 (2001).
35) F. Chalvin, N. Nakamura, T. Tochino, M. Yasuda, H. Kawata, Y. Hirai; 'Impact of template stiffness during peeling release in nanoimprint lithography', *J. Vac. Sci. Technol.* B **34**, 06K403 (2016).
36) T. Kitagawa, N. Nakamura, H. Kawata, Y. Hirai; 'A novel template-release method for low-defect nanoimprint lithography', *Microelectronic Engineering* **123**, 65–72 (2014).
37) A. Taga, M. Yasuda, H. Kawata, and Y. Hirai; 'Impact of molecular size on resist filling process in nanoimprint lithography: Molecular dynamics study', *J. Vac. Sci. Technol.* B **28**, C6M68 (2010).
38) Y. Akita, T. Watanabe, W. Hara, A. Matsuda, M. Yoshimoto; 'Atomically stepped glass surface formed by nanoimprint', *Jpn. J. Appl. Phys.* **46**, L342-L344 (2007).
39) M. Koyama, M. Shirai, H. Kawata, Y. Hirai, M. Yasuda; 'Computational Study on UV Curing Characteristics in Nanoimprint Lithography: Stochastic Simulation', *Jpn. J. Appl. Phys.* **56**, 06GL03 (2017).
40) G. Odian, Principles of Polymerization (Wiley, Hoboken, NJ, 2004) Chaps. 2 and 3.
41) K. Tada, Y. Miyashita, M. Yasuda, Y. Hirai; 'Molecular dynamics study on Rheological and Tribological studies for nanoimprint process in single nano scale system', *8th International Colloquium Micro-Tribology* (Warsaw, 2017)
42) R. Takai, M. Yasuda, T. Tochino, H. Kawata, Y. Hirai; 'Computational study of the demolding process in nanoimprint lithography', *J. Vac. Scie. & Technol.* B **32**, 06FG02 (2014).
43) B. Chao, F. Palmieri, W. Jen, D. McMichael, C. G. Willson, J. Owens, R. Berger, K. Sotoodeh, B. Wilks, J. Pham, R. Carpio, E. LaBelle, and J. Wetze, *Proc. SPIE* **6921**:69210C (2008).
44) T. Iwaki, H. Toyama, T. Nishiyama, S. Terada, K. Sakai, H. Hiura, A.. Kusaka, R. Inui, K. Yamamoto, M. Hiura, SPIE Advanced Lithography,**12956**-14 (San Jose, 2024).

第1章　ナノインプリント・リソグラフィの概要・半導体への応用

第2節　ナノインプリントリソグラフィにおける離型性課題の評価と対策

東京理科大学　谷口　淳

はじめに

ナノインプリントリソグラフィ（Nanoimprint lithography：NIL）はナノオーダーの微細構造を低コストに大量生産する技術として注目されている[1]。NILの工程を図1に示す。

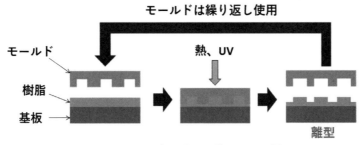

図1　ナノインプリントリソグラフィの工程

まず、ナノパターンが刻まれたモールドを準備する。モールドは、電子ビーム露光によりナノパターンが形成されたレジストをマスクにしてドライエッチングで作る方法や、自己組織化を用いて作製する方法等がある。次に、基板に樹脂を塗布してモールドを押し付ける。熱可塑性樹脂を用いる場合、熱可塑性樹脂のガラス転移温度以上に加熱し、樹脂が流れる状態にしてモールドを押し付け、その圧力を維持したまま、ガラス転移点より低い温度まで冷やし、モールドを離型する。紫外線（Ultraviolet：UV）硬化樹脂を用いる場合は、UV硬化樹脂は室温で液体なのでモールドを押しつけることで樹脂が変形し、その状態を保持してUV光を照射させる。この際、UV光はモールド側か転写基板側かのどちらかから照射する。樹脂が硬化したあと、モールドを離型して転写完了である。UV硬化樹脂を用いた工程は、UV-NILといい、室温で高スループットに転写できるため、半導体露光装置にも使用されている方式である。また、モールドは繰り返し使用することができ、大量生産が可能である。しかし、この工程は、モールドと樹脂が接触することによりパターンが転写されるため、繰り返し転写するうちに、モールドへの樹脂の付着やパターンの欠損が生じる。これを防ぐには、モールドに離型処理を施す方法と、レプリカモールドを用いてNILを行う方法がある。レプリカモールドは親となるモールドからフィルム基板等にパターンを転写したものであり、高価な親（マスター）モールドの転写回数を減らし、樹脂付着のリスクを低減することができる。ここでは、モールドに離型剤を用いて離型処理を行い、その性能を評価するためにUV-NILの耐久試験を行った結果と、レプリカモールドを用いて耐久試験を行った結果について説明する。また、離型性の寿命予測として微細線パターン形状を用いた方法を開発したので、この方法についても説明する。

1. 離型処理されたモールドの転写耐久特性評価

モールドの離型処理にはシランカップリング剤が用いられている。まず、シランカップリング反応の概要を説明した後、離型剤の種類とその表面処理方法を説明する。その後、耐久試験方法を説明し、得られたデータからわかることについて解説する。

1.1 離型処理方法

シランカップリング剤を用いた場合の無機材料表面との反応について図2を用いて説明する。

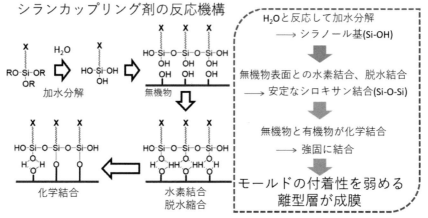

図2 シランカップリング反応

シランカップリング剤はケイ素原子上に官能基（加水分解性基）を有し、水と反応して加水分解し、シラノール基が生じる。その後、無機物表面と水素結合、脱水結合を介して安定なシロキサン結合を生じる。ここで図2のXの部分はフッ素系の分子やオリゴマーであり有機物である。シランカップリング剤は、ケイ素を含むシリコンや石英等の無機物と有機物とをカップリング（結合）する役割をしている。また、フッ素系材料でコーティングすることになるので、モールドの表面エネルギーが下がり樹脂との付着性を弱めることができる。

次に本実験で離型処理に用いたシランカップリング剤の構造式を図3に示す。

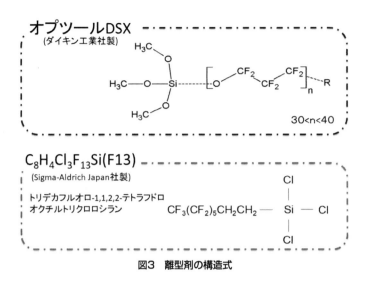

図3　離型剤の構造式

　一つはオプツールDSX（ダイキン工業社製）であり、もう一つは、トリデカフルオロ-1,1,2,2-テトラフドロオクチルトリクロロシラン（以降F13と略す）である。オプツールDSXはSiに3つのメトキシ基（-OCH₃）があり、F13はSiに3つの塩素（Cl）が結合しており、この部分がシリコンや石英モールドのケイ素と結合する。オプツールDSXはフッ素鎖が長く、摺動性に優れ低摩擦の特徴がある。F13の方は、塩素が基板のケイ素と強固に結合するので、結合箇所が多くなり、撥水性が向上すると考えられている。図4に離型剤の処理工程を示す。

1. ホールパターン Siモールド

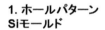

アセトン、エタノール洗浄：15分
オゾン処理：1時間
モールドの直径：230 nm

2. 離型剤への浸漬

浸漬時間：24時間
濃度：0.1wt%、1wt%

3. リンス後ベーク

ベーク温度：120℃
時間：5分

図4　離型処理方法

　まず、マスターモールドであるシリコン（Si）モールドを洗浄した。Siモールドは、230 m直径のホールパターンがあるものを用いた。このSiモールドをアセトン、エタノールの順で超音波洗浄を15分間行った。その後、Siモールド表面にオゾン処理を1時間行った（図4(1)）。このモールドを濃度（重量%）0.1%に薄めた離型剤溶液中に24時間浸漬させた（図4(2)）。この時、オプツールDSXは0.1%と1%の2つの濃度を用いた。その後、リンスをして120℃で5分間ベークをして離型処理完了である（図4(3)）。

1.2　繰り返しUV-NIL転写

次に離型処理したモールドに繰り返しUV-NILによる転写を行う。その装置とUV-NILによる転写条件を図5に示す。

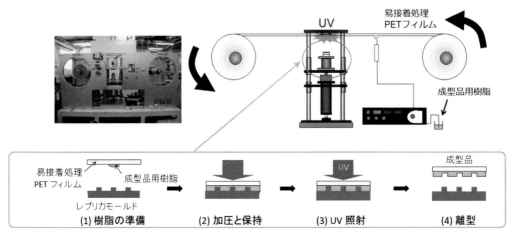

図5　繰り返しUV-NIL転写実験装置と転写条件

この装置はフィルムをロールトゥロールで送って、中央の転写位置で止めてそこでUV-NILを行う。フィルムにはUV硬化樹脂と密着性のよい易接着処理済みのPETフィルムを用いている。UV硬化樹脂は、このフィルムの下から供給され、中央の転写位置にフィードされる（図5(1)）。その後、転写装置下側に設置された離型処理済Siモールドが上昇し、荷重20 Nで5秒保持した後（図5(2)）、UV光をフィルム側からドーズ量200 mJ/cm^{2}照射する（図5(3)）。樹脂が硬化したら、離型して転写が完了となる（図5(4)）。転写後は、フィルムが左の方にフィードされ、フィルムの下にUV硬化樹脂が付いた部分が中央の転写場所に来て、再度同じように転写を行う。これを繰り返すことで、自動で多数回のUV-NIL転写を行うことができる。ここで、UV光はフィルムの上から照射しているので、UV光を透過しないSiモールドなどへもUV-NILを行うことができる。転写するUV硬化樹脂はPAK-01（東洋合成工業社製）を用いた。

1.3　繰り返しUV-NIL転写後の評価

繰り返しUV-NIL転写を行った後は、接触角計によりモールドの水の接触角を測定した。また、転写側のパターンを走査型電子顕微鏡（Scanning Electron Microscope：SEM）で観察して、エラー率を測定した。これらの評価方法について図6を用いて説明する。

第1章 ナノインプリント・リソグラフィの概要・半導体への応用

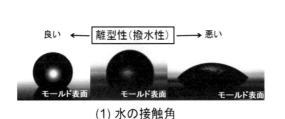

(1) 水の接触角

母平均の95%信頼区間の式

$$\frac{m}{N} - 1.96\sqrt{\frac{\frac{m}{N}(1-\frac{m}{N})}{N}} \leq p \leq \frac{m}{N} + 1.96\sqrt{\frac{\frac{m}{N}(1-\frac{m}{N})}{N}}$$

p : 母集団の平均
m : 欠陥の数
N : サンプル数

(2) エラー率

図6　繰り返しUV-NIL転写後の評価方法

　図6(1)では、接触角計による水の接触角について示している。モールドの接触角が高いほど（写真左）、撥水性が高くなり、フッ素による表面処理が効いているので離型性が良好な状態といえる。逆にモールドの接触角が低いほど（写真右）撥水性は低いため、離型性が劣化している。この実験では、UV-NILを所定回数（初期は20回毎、それ以降は50回から100回毎）転写したらモールドの接触角を測定し、測定が完了したら引き続き繰り返しUV-NILを装置で行った。図6(2)は、エラー率の求め方を記している。エラー率は、母集団の平均の95％信頼区間pの値とした。図6(2)は、母集団の平均の95％信頼区間の式であり、Nは転写に成功した凸形状（ピラー形状）の個数、mは欠陥の数で、右下のSEM写真に示すように転写欠陥の数を数えて、エラー率pの値を求めた。ここで、信頼区間の幅を小さくするためにはある程度Nが大きいほうが良い。本実験では、図7のようなSEM写真を違う場所30か所で撮影し、そこに含まれる欠陥の個数を数えた。図7の円の中に1個欠陥がある。このように、モールドが凹パターンの場合、転写すると凸パターンになり欠陥等が数えやすい。

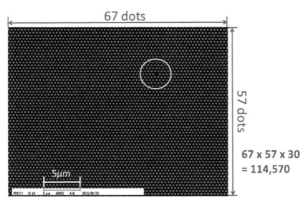

図7　エラー率算出のためのSEM写真

　図7の大きさのSEM写真には、横に凸パターンが67個、縦に57個入っており、これを30枚について集計するので、合計114,579（＝67×57×30）個を測定することになる。UV-NILによる転写パターンも所定回数毎に、ロールのフィルムから切り出し、帯電防止のプラチナコーティングを施してSEMで観察した。

1.4 繰り返しUV-NILによる離型性の評価[2)]

図8にオプツールDSXとF13で処理したSiモールドを用いてUV-NILを繰り返し行った際の、NILの転写回数に対する接触角とエラー率の変化について示す。

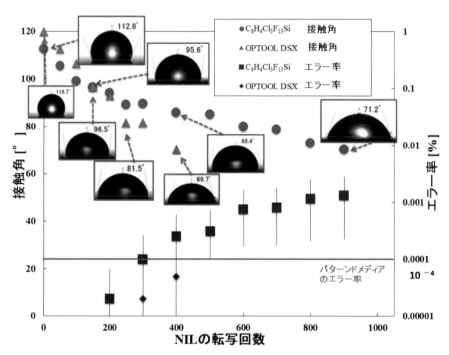

図8 繰り返しUV-NILの転写回数と接触角・エラー率の変化

初期（転写0回）の接触角はオプツールDSX（三角）の方がF13（丸）より大きいが、転写回数が増えるにつれ、オプツールDSXの方が早く接触角が低くなる。しかし、エラー率を見てみると、F13（四角）よりオプツールDSX（菱形）の方が低いことがわかる。また、各エラー率の縦の棒線は図6(2)の式の不等号であらわされた区間を記している。ただ、オプツールDSXの場合は400回の転写後にUV硬化樹脂が付着した。このことより、オプツールDSXの離型処理の寿命は400回までとなる。400回で寿命を迎えた理由は、接触角の低下により離型性が劣化したことによるが、エラー率は400回直前でもF13より小さくエラーが少なくなっている。ここで、エラー率の目安として10^{-4}（0.0001）という値がある。これは、パターンドメディアというハードディスクの作製において許容されるエラーの割合である。1万点のドットパターンのうち1個のエラーは許されるという意味である。F13は、この値を300回の転写時に超えているが、オプツールDSXは400回の直前までこの値を超えていない。このことは、オプツールDSXは摺動性が良いので、モールドの側壁部において低摩擦となり、エラーが少ないと考えられる。一方、F13の処理では、撥水性は高いので寿命は延びるが、モールド側壁部の摩擦が大きいので、樹脂をひっかけてしまってエラーが多く発生していると考えられる。そこで、F13の高撥水性とオプツールDSXの低エラー率の両方を生かすために、F13とオプツー

ルDSXを混ぜて離型処理を試みた。離型処理条件は、F13の0.1%とオプツールDSX0.1%と1%とを混ぜて図4と同様に処理した。これらの離型処理したSiモールドのUV-NIL転写回数と接触角・エラー率の関係を図9に示す。

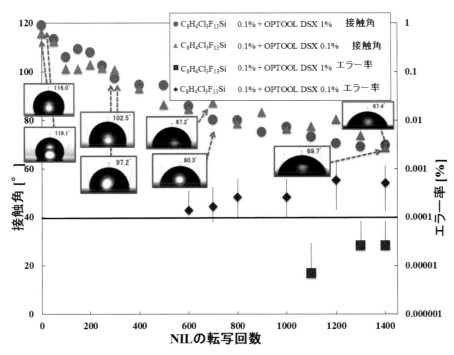

図9　離型剤を混ぜたときのUV-NILの転写回数と接触角・エラー率の変化

　図9でF13とオプツールDSX0.1%を混ぜた場合の水の接触角（三角）とF13とオプツールDSX1%を混ぜた場合の接触角（丸）の傾向はほぼ同じで、転写回数が多くなると接触角が徐々に低下している。これに対して、エラー率の方は、オプツールDSX0.1%混ぜた（菱形）方が、オプツール1%混ぜた（四角）方よりエラー率は大きくなっている。この結果から、オプツールDSXの量が多いとエラー率低下に効果があることがわかる。今回の場合、F13を1%とオプツールDSX1%混ぜた離型剤で、1400回程度まで、パターンドメディアの許容欠陥率（0.0001%）を満たして転写ができることが分かった。このように離型剤の特徴を把握して、混ぜて処理することも有効である。ただ、UV-NILの場合は、モールドの材質、離型処理、パターン形状、転写側樹脂との相性で寿命は大きく変化するので、それぞれを考慮する必要がある。これを軽減するために、レプリカモールドを用いる手法があるので、次にそれについて説明する。

2. レプリカモールドを用いた場合[3]

レプリカモールドは、マスターモールドからNILにより複製し、マスターモールドを頻繁に使用しないことで樹脂付着や破損を防ぐ方法である。また、レプリカモールドの材料は転写後に撥水性を有しているものが多く、離型処理が不要となる。これらの特長は、量産において重要である。ここでは、レプリカモールドの作製方法、レプリカモールドを用いたUV-NILの繰り返し転写特性について説明する。

2.1 レプリカモールドの作製方法

レプリカモールドの作製方法を図10に示す。

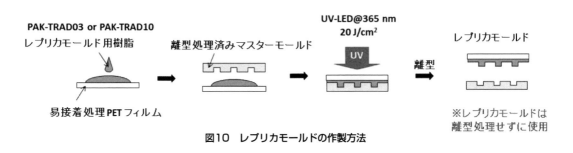

図10 レプリカモールドの作製方法

図10は、UV-NILを用いたレプリカモールドの作製方法である。レプリカモールド用樹脂には、PAK-TRAD03または、PAK-TRAD10（ともに東洋合成工業社製）を用いた。PAK-TRAD03は離型性が強いという特徴をもっており、PAK-TRAD10は高UV硬化感度という特徴を持っている。これらの樹脂を易接着処理PETフィルムの上に滴下し、離型処理済みマスターモールドを載せ、UV光をドーズ20J/cm^{2}で照射した。硬化後、離型してレプリカモールドの完成である。レプリカモールドはフィルムの上にパターンがあり、フレキシブルなモールドである。また、これらレプリカモールドはUV-NIL転写後に離型性を有しており、離型処理は不要である。このレプリカモールドは、離型性が高いので繰り返しUV-NILによる転写が可能である。図11に作製したレプリカモールドの形状を示す。

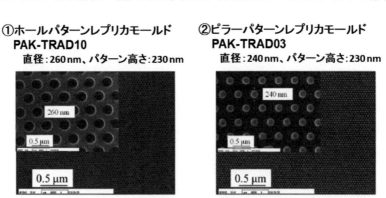

図11 作製したレプリカモールドの形状

図11①は、PAK-TRAD10を用いて作製したホールパターンレプリカモールドである。直径は260 nmで、深さは230 nmである。②は、PAK-TRAD03を用いて作製したピラーパターンレプリカモールドである。直径は240 nmで高さ230 nmである。一般にピラーパターンの方が、ホールパターンより欠陥が多く発生するので、離型性の良いPAK-TRAD03でピラーパターンモールドを作製した。これらのレプリカモールドを用いて転写耐久試験を行った。

2.2 レプリカモールドの転写耐久評価

繰り返しUV-NIL転写は、図5の装置で行った。図5で実験条件は、転写するUV硬化樹脂はPAK-01-CL（東洋合成工業社製）とし、0.5 MPaで3秒保持したあと、120 mJ/cm^{2}でPAK-01を硬化した。離型後、レプリカモールドは繰り返しUV-NILを行った。評価方法は水の接触角とエラー率の変化を調べた。図12にホールパターンレプリカモールドを用いて繰り返しUV-NILを行ったときの転写回数と接触角・エラー率の変化を示す。

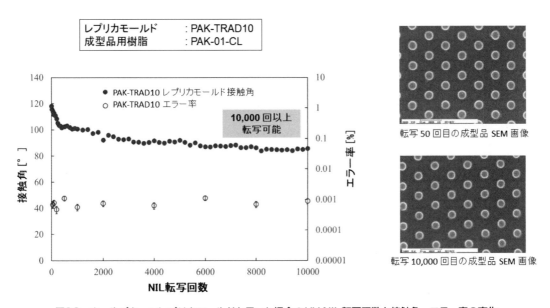

図12　ホールパターンレプリカモールドを用いた場合のUV-NIL転写回数と接触角・エラー率の変化

図12より、繰り返し転写回数が増えるにしたがって、水の接触角は初め大きく減少するが、1,000回を超えてから減少は少なくなり、4,000回でほぼ85°前後で飽和していることが分かる。また、50回転写した後の成形品のピラー形状と10,000回転写した後の成形品のピラー形状との間に差は見られず、10,000回転写後も良好なピラー形状が得られていることがわかる。また、エラー率は、初めから10,000回まで、0.001で一定となっている。また、一万回の転写後も樹脂の付着は見られなかったので、これ以上の寿命を有していると考えられる。エラー率はパターンドメディアのエラー許容率よりは1桁大きくなっているが、許容範囲と考えている。次にピラーパターンレプリカモールドを用いた場合の転写回数と接触角・エラー率の変化を図13に示す。

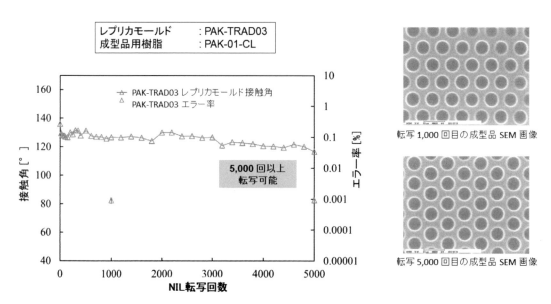

図13 ピラーパターンレプリカモールドを用いた場合のUV-NIL転写回数と接触角・エラー率の変化

　ピラー形状のモールドは、一般にホール形状のモールドよりも寿命が短くなる。これは、ピラーの周りは、硬化するUV硬化樹脂に囲まれており、UV硬化樹脂は硬化時に体積収縮を生じるため、この収縮時の応力の影響を受けるためである。図13で、転写回数が増えても接触角は120°と高いままである。これは、ピラー形状のためキャシーバクスター状態となり、ピラーとピラーの間に空気が入り接触角が高くなっているためである。また、転写1,000回目の成形品と5,000回目の成形品との間に変化は見られず5,000回まで寸法変化なしで転写できていることがわかる。また、エラー率も0.001%で変化していないことが分かる。5,000回転写後でも樹脂の付着はなかったので、それ以上の回数も転写可能であると考えられる。このように、ピラー形状のレプリカモールドでも離型性を向上したレプリカモールド材料を用いれば、長寿命のUV-NIL転写が可能であることがわかった。しかし、この手法は、モールドの接触角と転写成形品のSEM写真の2つを調べることになり、煩雑であるという欠点がある。そこで、モールド表面の離型処理・レプリカモールドと転写側の樹脂との相性を調べるために微細線構造モールドを用いた寿命予測の方法を考案したので、次に説明する。

3. 微細線構造モールドを用いた寿命予測[4]
3.1 測定方向による接触角の違い

　ラインアンドスペース（Line & Space、以降L & S）構造をもった表面は、線状の凹みが等間隔に並んでいる構造となっている。この表面に離型処理を施すと撥水性となり、水を滴下すると球状に撥水する。この表面で繰り返しナノインプリントにより樹脂を転写すると、L & S表面の離型性が劣化してくる。この状態で水を滴下すると図14のように、線状の凹み方向に水滴が広がる。

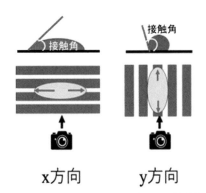

図14　微細線構造表面上での測定方向による接触角の違い

　これは、線状凹みの部分で毛細管現象により水が濡れ広がるからである。ここで線に平行な方向をx方向、線に垂直な方向をy方向とすると、x方向では水滴が広がることにより接触角が小さくなる。一方y方向は水滴の広がりが無く接触角はx方向より高くなる。このことより、L＆S構造の金型を用いてナノインプリント転写を繰り返すと、モールドの離型性が徐々に劣化していくが、その際x方向が先に接触角が低下していき、y方向は後から接触角が低下していくと考えられる。この特性を利用して離型性の寿命予測を試みた。

3.2　離型処理されたシリコンモールドの寿命予測

　100 nmのL＆S構造を持ったシリコンモールドに、図4の手法で濃度0.1％のオプツールDSXで離型処理をした。その後、図5の手法で繰り返しUV-NILを行った。転写樹脂はPAK-01-CLを用いた。転写回数と2方向の接触角の関係を図15に示す。

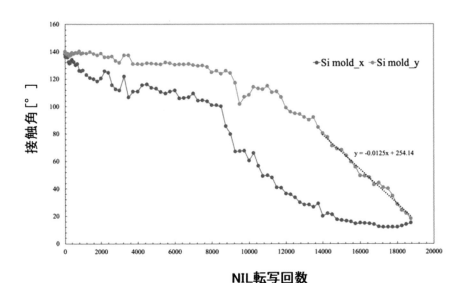

図15　繰り返しUV-NILの転写回数と2方向の接触角の変化

横軸はUV-NILの繰り返し転写回数で、縦軸は水の接触角である。転写前（0回）はx方向、y方向とも140°度の接触角であった。繰り返し転写していくと、xとyの接触角に差が生じ、線状の溝に沿って毛細管現象により水が広がる影響でxの接触角がyに比べて減少していく。xの接触角の方は8,000回付近で接触角90°を切ったあたりから転写回数が増えるにつれ急激に接触角が落ちてきている。これは、水の接触角90°を切ると親水性が強くなり、毛細管による広がりが増えてくるからである。8,000回ではまだY方向は120°の接触角であり、このあとも接触角の減少はなだらかである。Xの方は14,000回付近で接触角20°で一定となった。また、yの接触角は12,000回で90°を切っており、ここからは線形に減少している。x方向の接触角20°で飽和した状態は、離型性がなくなった状態を表していると考えられる。これは、モールドの離型性は無くなってはいないが、x方向は毛細管現象により水が線状の溝を流れていくため、水滴がx方向に広がり接触角が低くなる。これにより離型性があるにもかかわらず、先に離型性が無い状態を把握できることになる。一方y方向には溝は無く毛細管による広がりはないので、ほぼ平面の接触角を表していると考えらえる。そのため、y方向の接触角が、離型性がなくなったと考えられるxの接触角の20°まで下がると、モールド表面の離型性はなくなると考えられる。このことから、y方向のグラフの傾きが飽和したxのグラフと交差すると寿命となると考えられる。具体的にこの交点を求めてみると、yのグラフの14,000回から18,000回の傾きを求めると、-0.0125となる。この傾きでyのグラフを延長していくと、19,000回手前でxのグラフと交わる。また、実際18,750回でモールドに樹脂が付着した。このことより、xとy方向のグラフから寿命予測をすることが可能である。また、この実験では、実際の寿命確認のためモールドに樹脂が付着するまで行ったが、モールドを保護するためには、14,000回くらいで転写を止め、再離型処理を施すということも可能である。この寿命予測方法は、L&S構造モールドを用いるため、決まったパターンしか転写できないが、離型剤やUV硬化樹脂などを変えたときの転写の寿命を把握することに役立つ。

おわりに

ナノインプリントにおける離型性の課題として、モールドの離型性の劣化やレプリカモールドの離型性の劣化による樹脂付着がある。樹脂が付着すると除去が難しいため、なるべく樹脂が付着しないように転写を行う必要がある。この課題を解決するために、自動のUV-NIL装置による繰り返し転写試験を起こない、接触角とエラー率を見て、離型性の劣化状況を把握することができた。また、マスターモールドを保護する役割のレプリカモールドも長寿命な材料が出てきており、量産に役立つと考えられる。また、L＆Sパターンのモールドを用いて、2方向から接触角の劣化をみることで離型性の寿命予測をすることが可能となった。このようにモールドの離型性の評価技術が確立したので、今後は転写する材料に併せて、モールドの離型処理状態を調整することなども可能である。例えば、モールド表面の離型性と転写樹脂の相性を見るには、L＆Sパターンモールドを用いてL＆Sの状態での寿命を求め、次に所望のモールドパターンで繰り返しUV-NIL転写で接触角とエラー率を求めれば、量産前に転写性が良いか悪いのかを見極めることが可能となる。転写性が悪い場合は、離型処理か転写

樹脂を調整しなおすといったことを行う。このようにして、量産に向けて転写性の向上が可能となってきている。

参考文献

1) S. Y. Chou, P. R. Krauss, and P. J. Renstrom, *Appl. Phys. Lett.*, 67 (1995), 3114.
2) M. Okada, D. Yamashita, N. Unno, Jun Taniguchi, *Microelectron. Eng.*, 123 (2014) 117.
3) R. Tanaka, T. Osaki, J. Taniguchi, *J. Photopolym. Sci. Technol.*, 37, 5, (2024) 469.
4) T. Marumo, S. Hiwasa, J. Taniguchi, *Nanomaterials*, 10 (2020) 1956.

第1章 ナノインプリント・リソグラフィの概要・半導体への応用
第3節 半導体実装へのインプリント技術応用

コネクテックジャパン株式会社　小松　裕司

はじめに

　インプリント技術を用いて、半導体チップ実装における配線およびバンプの形成を行った。ヤング率5 MPa以下の柔らかい材料を用いてレプリカを作製し、10μmの段差部に幅20μmの配線を形成する事、またバンプ径10μmでアスペクト2の微細バンプを形成する事が、それぞれ可能である事を確認した。インプリント技術により、比較的簡単な構造で安価な装置を用いながらも従来の印刷法では実現が難しい微細・高アスペクト配線およびバンプを設計パターンサイズに忠実、かつスムーズなエッジ形状で形成する事が可能となる。

1. 背景
1.1 半導体のIoT応用とチップ低温接合

　半導体市場のさらなる拡大が見込めるIoT応用においては、多様なチップやセンサを多様な基板に実装する要求が高まる。それらの中には、熱に弱い半導体チップやセンサ、基板等も含まれる。

　このような状況の中で、当社では従来のはんだを用いる実装に替わる低温フリップチップ実装技術を開発し、これまで幾つか応用事例を紹介してきた[1-4]。この低温フリップチップ実装は、導電性ペーストを基板上に印刷し、その上に非導電性ペースト（NCP：Non-Conductive Paste）を塗布し、その後フリップチップ接合する事により、フリップチップ実装における最高プロセス温度を170℃以下に下げるものである（図1）。

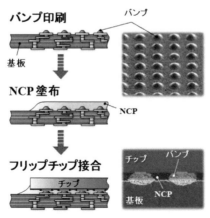

図1　低温フリップチップ接合プロセスフロー

　この低温フリップチップ実装技術では、導電性ペーストおよびNCP材料、プロセス条件等を最適化する事により、80℃までの低温化が可能である。ここで有機基板のガラス転移温度Tgよりも実装

温度を下げる事により、熱膨張率（CTE：coefficient of thermal expansion）のばらつきを抑制し、より狭いパッドピッチへの実装が可能となる（図2）。

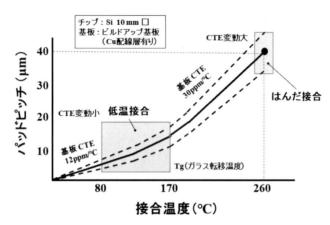

図2　接合温度の低温化によるCTEばらつき抑制

　当社は、これまで長尺チップのパターンシフト抑制、磁気センサの特性劣化抑制、光学チップのアライメント精度向上等、低温フリップ実装の利点を実証してきた。特に80℃までの低温化により、PET等のプラスチック基板上に直接チップ実装が可能となる。これらは、従来のはんだを用いた実装では成しえない事でもある。
この低温フリップチップ実装において、導電性ペーストを用いたバンプは通常スクリーン印刷によって形成される。

1.2　インプリント法によるバンプの狭ピッチ化
　ところが、半導体チップの微細化、多ピン化に伴う出力端子の狭ピッチ化に対応するためにより微細なバンプピッチが必要となる。これまで当社では、インプリント技術を用い、転写によって微細配線およびバンプを同時形成する技術を開発してきた[5-8]。このインプリント技術を用いたプロセスフローは、図3に示す通りである。

第1章 ナノインプリント・リソグラフィの概要・半導体への応用

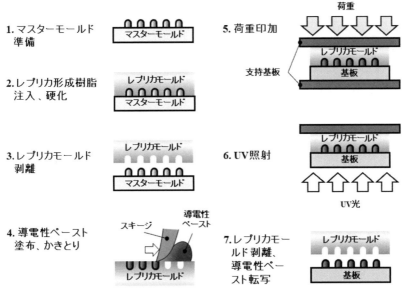

図3 インプリントによる配線およびバンプ形成プロセスフロー

　図3では、最終的な配線およびバンプ形状を規定する形状を有するマスターモールドを半導体前工程で形成し、続いて樹脂によってマスターモールドの反転形状を有するレプリカモールドを形成する。さらにこのレプリカモールドの凹部にのみ導電性ペーストを埋込み、最終的に基板上にインプリント技術を用いて転写する。最初に形成するマスターモールドを配線およびバンプが形成された形状とすることにより、図3のプロセスフローで配線とバンプの一括転写形成が可能となる。

1.3　ハードレプリカからソフトレプリカへ

　これまで著者は、レプリカモールドに比較的硬い樹脂であるMicro resist technology 社製ハイブリッドポリマー（商品名：OrmoStamp®、弾性率 36 MPa）を選定し、配線幅およびバンプ径がともに5 μm、配線およびバンプピッチがともに10μm、配線部アスペクト1、バンプ部のアスペクト2の配線およびバンプを同時に基板上に形成する技術を実証してきた。

　ここでこのハイブリッドポリマーのように比較的硬い樹脂材料から形成するレプリカでは、導電性ペーストをレプリカ凹部のみに充填する事は容易である。

　しかしながら、このような硬い材料で作製するレプリカの場合、レプリカおよび基板ともに十分に平坦であることが転写時の必要条件となる。レプリカから基板に導電性ペーストを転写するには、埋め込まれた導電性ペーストの表面全体を基板表面に少なくとも接触させる必要があるからである。

　ところが、FR-4などの既存基板はこのような比較的硬いレプリカで転写を行うに十分な平坦性を必ずしも有していない。加えてこのような基板には配線が予め形成されている場合が多く、この場合はこの配線段差を乗り越えて転写配線を形成しなければならず、硬いレプリカでは対応が難しい。

　そこで今回、下地基板に配線段差がある場合にも転写による配線形成を可能とするために弾性率で概ね5 MPa以下の比較的軟らかい樹脂材料を用いて検討を行った。

057

2. 実験方法

半導体前工程プロセスを用いて、ガラス基板上に感光性レジストにてパターンを形成し、マスターモールドを作製した。このマスターモールド上にDow Silicones Corporation社製シリコーン・エラストマー（商品名：Sylgard184）を用いて型取りを行い、レプリカモールドを作製した。さらにこのレプリカモールドの凹部にのみ東レ株式会社製UV硬化型銀ペースト（商品名：RAYBRID）を埋め込んだ。銀ペーストを塗布後、ステンレス製のスキージを用いてレプリカ表面の銀ペーストをマニュアル作業にてかきとり、レプリカ凹部のみに銀ペーストを埋め込んだ。インプリントは、SCIVAX社製ナノインプリント装置X-200を用いて行った。基板には東レ株式会社製PETフィルム（商品名：ルミラーS10）を用いている。

3. 実験結果と考察
3.1 導電性ペーストのかきとり性

下地基板に形成された配線段差を乗り越えて転写配線を形成するには、レプリカはより軟らかい材料とすべきである。一方、図3に示したレプリカ表面の導電性ペーストのかきとりステップ4では、凹部に埋め込まれた導電性ペーストをそのまま残し、レプリカ表面の導電性ペーストのみをかきとる必要がある。この場合は、レプリカは硬い材料とすべきである。つまり図3で示した転写プロセスにおいて、レプリカには相矛盾する特性が要求されることになる。

これに対して、シリコーン・エラストマーの主剤と硬化剤の混合比を変化させ、かつレプリカ硬化後の熱処理プロセスを最適化する事により、上述の相矛盾する特性を両立させるプロセス条件を得ている。図4は、シリコーン・エラストマーの主剤と硬化剤の混合比を変化させて作製したレプリカの導電性ペーストかきとり後の状態を光学顕微鏡で観測したものである。

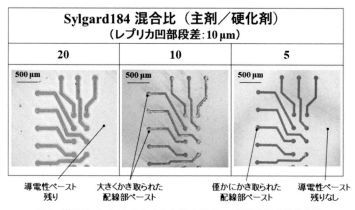

図4　導電性ペーストのかきとり性のSylgard184混合比依存性

今回用いたシリコーン・エラストマーは室温で硬化後は、レプリカの粘着性を示すタック性が高く導電性ペーストのかきとり性が悪い。ところが、250℃ 30分の熱処理を加える事によりレプリカのタック性が下がり、かつレプリカ自身が硬くなるため凹部に埋め込んだ導電性ペーストのかきとり性

が向上する。図4では、硬化剤1に対して主剤が20である混合比20の場合、配線周辺部のレプリカ表面のみ導電性ペーストがかきとられているが、それ以外のレプリカ表面にはかきとり残りが生じている。混合比10では、レプリカ表面の導電性ペーストをすべてかきとろうとすると凹部に埋め込んだ導電性ペーストの配線の一部もかきとられてしまう。混合比5にする事によりレプリカ表面の滑りが向上し、レプリカ表面の導電性ペーストをすべてかきとりながらも凹部に埋め込んだ導電性ペーストの配線をすべて残すことが可能となる。

3.2 導電性ペーストの転写性

インプリントによる転写配線およびバンプ形成の一連の検討にUV硬化型銀ペーストを用いている。これはレプリカから基板に転写する際に銀ペーストをUV硬化させる事により完全転写を行う為である。レプリカモールドに弾性率36 MPaの比較的硬い樹脂であるハイブリッドポリマーを用いた際にこのUV硬化ステップは不可欠であった。ところがアスペクトがそれ程大きくない場合は、UV硬化を行わなくても特に今回用いたレプリカ材料であるSylgard184とRAYBRIDとの組み合わせでは、泣き別れのようなレプリカ側に導電性ペーストが残る現象は顕著には観測されていない。

しかしながらインプリント法における転写性は重要な開発項目の一つでもある。レプリカモールドを繰り返し使用するためには、レプリカの初期状態を一定に維持する必要がある。また転写による配線やバンプを一様な形状に維持するためにはレプリカモールドの凹部に埋め込まれた導電性ペーストが基板に完全に転写され、レプリカモールド側に導電性ペーストが残らないようにする必要がある。ここでは、インプリントの転写性について評価した結果[9]を報告する。

図3に示すインプリントによる配線およびバンプ形成プロセスフローのステップ6で行うUV照射の照射量を変化させてバンプを転写形成した。図5にUV照射を行った場合と行わなかった場合とで転写後の導電性ペーストのSEM観測結果をバンプ径20 μmおよび10 μmについて示す。ともに15 μm段差の凹部を有するレプリカを用いて同時に転写形成したものである。UV照射は超高圧水銀ランプを用いて行い、照射量は3,000mJ/cm^{2}である。

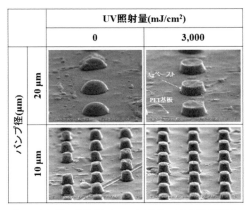

図5　転写後の導電性ペースト形状のUV照射量依存

UV照射の有無によって、転写されたバンプ形状に明確な違いが観測される。特に直径20μmのバンプでUV照射無しの場合、導電性ペーストが流動したような形状となっている。直径10μmのバンプも程度は減少するがこの傾向は残存する。しかし、3,000 mJ/cm^{2}のUV照射を行う事により、マスターモールドの反転形状、つまりレプリカ形状を忠実に反映した均一なバンプ形状となる。

バンプの転写歩留まりをバンプ径20μmでピッチ40μm、およびバンプ径10μmでピッチ20μmそれぞれのテストパターンを使用して評価した。テストパターン領域はいずれも500μm×500μmで、バンプ合計数はそれぞれ156個と625個である。照射量3,000 mJ/cm^{2}のUV照射を行った場合、バンプ径20μm、10μm何れのパターンも100％基板に転写される事を確認した。一方、UV照射を行わない場合は、バンプ径がそれぞれ20μm、10μmで歩留まりがそれぞれ93％、90％に低下する。

このようにレプリカモールドをPET基板から分離する前に導電性ペーストをUV硬化させることで、転写性が向上する事を確認した。UV硬化により導電性ペーストの粘度が上昇する事により、レプリカモールドとPET基板とで導電性ペーストに対する接着力の差が顕著になる。その結果、レプリカモールドとPET基板間の導電性ペーストの泣き別れが生じにくくなったものと考えている。

3.3 段差を有する基板への配線転写

図6にFR-4基板上に転写された導電性ペースト配線のSEM観測結果を示す。図6の左の写真にはTEGパターン全体像が示されているが、配線の設計上の最小線幅（Line）と最小スペース（Space）はともに20μmである。またFR-4基板上には、Cu/Ni/Au材料による配線が形成されていて、その配線段差は10μmである。配線は凹部深さ15μmレプリカを用い、荷重を0.53 MPaにて10 sec印加して転写を行っている。

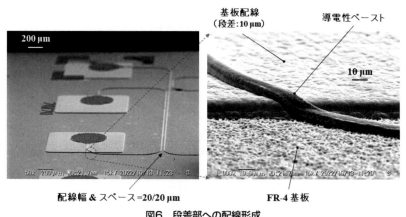

図6 段差部への配線形成

図6からレプリカ材料を今回使用したシリコーン・エラストマーのような軟らかい材料とすることにより、15μm厚の配線が10μmの下地配線段差を乗り越えて良好に形成されているのが分かる。

また、導電性ペーストのような流動性を有する材料を用いているにもかかわらず転写プロセスを用いる事により、レプリカ凹部で規定される配線形状に従ってエッジ部分がスムーズで急峻に形成され

た配線を導電性ペーストで形成する事が可能となっている。

図6からは、導電性ペーストを用いながらも従来の印刷法に比べて配線エッジ部分がスムーズで、また印刷法に観測されるようなインクの滲みによるパターンの崩れ等も観測されず、設計パターンに忠実な配線形状に仕上がっているのが分かる。

3.4 高アスペクト微細バンプ形成

図7は、20 μm段差の凹部を有するレプリカを用いて、直径10 μmのバンプを転写した結果のSEM観測写真である。転写は荷重を1.4 MPaで10 sec印加後、365 nmのUV光を4,400 mJ/cm^{2}照射して行っている。

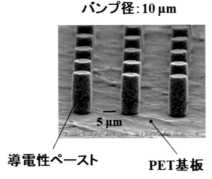

図7　高アスペクト微細バンプ形成

導電性ペーストのような流動性を有する材料を用いながらもレプリカ型を用いて転写し、かつ基板とレプリカを剥離する前にUV照射しUV硬化型銀ペーストを硬化させる事により、従来の印刷法では実現が難しい高アスペクトで微細なバンプが形成可能であることを示している。

おわりに

インプリント技術を用いて、半導体チップ実装における配線およびバンプの形成を行った。ヤング率5 MPa以下の柔らかい材料を用いてレプリカを作製し、10 μmの段差部に幅20 μmの配線を形成する事、またバンプ径10 μmでアスペクト2の微細バンプを形成する事が、それぞれ可能である事を確認した。インプリント技術により、比較的簡単な構造で安価な装置を用いながらも従来の印刷法では実現が難しい微細・高アスペクト配線およびバンプを設計パターンサイズに忠実、かつスムーズなエッジ形状で形成する事が可能となる。

実験で得た今回の結果は、インプリント技術が電子デバイスの実装応用としても有望であることを示している。

参考文献

1) 中野高宏、下石坂望、山口栄次、迫田英樹、定別当裕康、尾倉淳、エレクトロニクス実装学会講演大会講演論文集、vol.26, p.193-195 (2012)

2) M. Tsuji, N. Shimoishizaka, T. Nakano and K. Hirata, ECS Transactions, 52, pp.709-715 (2013)

3) N. Shimoishizaka, T. Nakano, M. Tsuji, E. Yamaguchi, H. Fuijimoto and K. Hirata, Proceedings of IEEE 63rd Electronic Components and Technology Conference, pp.1840-1845 (2013)

4) H. Komatsu, H. Machida and N. Shimoishizaka, IMAPS, Device Packaging Conference, pp.474-518 (2019)

5) 山田敏浩、丸山英樹、小林泰則、松本好勝、宮口孝司、小松裕司、古川伊織、横山智之、下石坂望、工業技術研究報告書、新潟県工業技術総合研究所発行、No.48 平成30年度、pp.81-83 (2019)

6) H. Komatsu, N. Shimoishizaka and T. Yamada, IMAPS, Device Packaging Conference, pp.766-810 (2020)

7) H. Komatsu, N. Shimoishizaka and T. Yamada, Proceedings of SMTA International2020 Technical Conference, pp.1-6 (2020)

8) H. Komatsu, D. Sakai, N. Shimoishizaka and T. Yamada, Proceeding of International Conference on Electronics Packaging, pp.127-128 (2021)

9) H. Komatsu, D. Sakai and N. Shimoishizaka, Proceeding of International Conference on Electronics Packaging, pp.329-330 (2024)

第1章 ナノインプリント・リソグラフィの概要・半導体への応用

第4節　光電融合半導体パッケージの研究開発とナノインプリントへの期待

国立研究開発法人産業技術総合研究所　中村　文

はじめに

　近年、機械学習（ML：Machine Learning）や人工知能（AI：Artificial Intelligence）の急速な発達に伴い、データセンターや高性能コンピューティング（HPC：High Performance Computing）における計算量が増大している。特にAIの学習に求められる膨大なパラメータやデータセットの処理には、多数のCPUおよびGPUを用いたネットワークアーキテクチャが必要とされている[1]。一方で、電子回路の高帯域化に伴い、パッケージ基板上での電気配線部分に起因する消費電力、遅延、および電気入出力密度の課題に直面している。この問題に対処する有望な解決策として研究開発が行われているのが「光電融合パッケージ（CPO：Co-packaged optics）」である[2]。

　トランシーバの実装形態を図1に示す。図1(a)に示すような従来方式であるプラガブルモジュールでは、パッケージ端にて着脱式のプラガブルトランシーバを用いて電気信号を光信号に変換する。光電融合パッケージでは図1(b)に示すように、パッケージ基板上に高密度なシリコン光チップとしてトランシーバを実装し、光電変換を行う。従来方式にてボトルネックとなっている電気配線部分を大幅に短縮することで、広帯域化と消費電力の低減を実現する技術である。

　我々は、これまで光電密度の高い光電融合実装形態として「アクティブ・オプティカル・パッケージ（AOP：Active Optical Packaged）基板」を提案し、各種要素技術の開発を行ってきた。提案構成では光チップがパッケージ基板に内蔵されており、基板上の光配線としてポリマー光導波路を採用している。埋め込まれたシリコン光導波路からポリマー光導波路への光再配線にはマイクロミラーを用いて、低損失・コンパクトな三次元光結合構造を実現している。本節では、提案する次世代CPO構造であるAOP基板の詳細や三次元ミラーを用いた光再配線構造の従来作製方法での課題について説明するとともに、光ナノインプリントを用いた三次元ミラー作製の取り組みについて説明する。

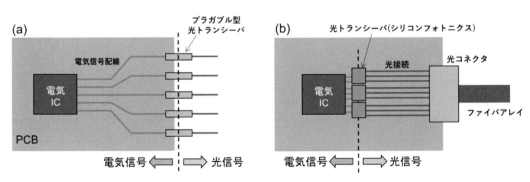

図1　トランシーバ実装形態の概念図
(a) 従来技術（プラガブルモジュール）、(b) 光電融合パッケージ

1. アクティブ・オプティカル・パッケージ（AOP）基板
1.1 概要

提案する光電融合半導体パッケージであるアクティブ・オプティカル・パッケージ（AOP：Active Optical Package）基板[3]の概要図を図2に示す。図2 (a)の俯瞰図のように、電気ICと信号の光電変換を行うシリコン光チップが一般的なパッケージ基板に実装されている。光チップから基板端までポリマー光導波路で光配線され、光コネクタへと出力される。シリコン光チップは図2(b)の断面図のように基板に埋め込まれており、電気素子との高密度な集積が可能である。AOP基板では、光チップを内蔵することでパッケージ基板のユーザが従来の実装工程を行うだけで光電子融合パッケージを実現できることを目指している。シリコン光チップへの電気入出力は、上部レイヤーに形成される電気配線を介して光信号変調器や受光器を制御するためのドライバやトランスインピーダンスアンプ（TIA：Transimpedance Amplifier）と接続される。

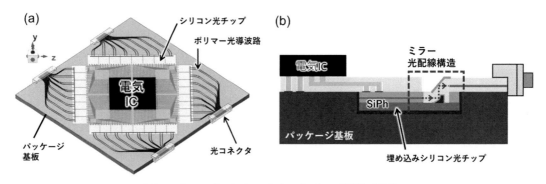

図2　アクティブ・オプティカル・パッケージ基板の概要図
(a) 俯瞰図、(b) 断面図

我々はこの光電融合実装の実現のため、様々な要素技術の開発に取り組んできた。その一つがポリマー光導波路である。ポリマー光導波路にはデータセンターの通信波長帯である1.31 μmでの伝搬損失の低い日産化学SUNCONNECT®を用い、リソグラフィでのシングルモード光導波路作製を行っている。提案構成では光導波路作製後に電気IC実装のためのリフロー工程を行う必要が有るため、240度での加熱実験を行い、伝搬の劣化が10%未満であることを確認している。光配線部分にポリマー導波路を採用することで、光コネクタのシングルモード光ファイバへ突合せ結合が可能である。さらにポリマー光導波路から光コネクタへの接続部分には、専用のインターフェース構造を開発しており、アクティブアライメントなしでの光コネクタの抜き差しが可能である[4]。

AOP基板では埋め込まれた光チップから上層のポリマー光導波路へはマイクロミラーを用いた光再配線構造を採用しており、次項において構造の詳細を説明する。

1.2　マイクロミラーを用いた光再配線構造

電気素子と光素子を同一基板に実装する光電融合実装では、微細なシリコン光チップからの光入出

力構造が一つの課題である。シリコン光導波路はコア高さ200 nm、コア幅300 nm程度であるため、最終的な光の出力先であるシングルモード光ファイバのモードフィールド径の約9 μmと一致しない。さらにチップをパッケージ基板に実装する際はこれまでシリコン光チップで多く用いられてきたエッジカップリング（端面結合）を用いることが困難になるため、垂直方向への光取り出し構造が不可欠である。他の光電融合構造では、光入出力部分の課題解決のため、周期構造を用いて垂直方向に光を取り出すシリコングレーティングカプラを用いる事例[5]や、シリコン導波路から上層にあるポリマー光導波路への光移動を利用するアディアバティック結合[6]の事例がある。しかし、グレーティングカプラは20 μm角程度とコンパクトであるが、波長依存性が強く、データセンターの通信波長帯をカバーできない。アディアバティックは波長依存性や偏波依存性が低い一方で結合長が2 mmほどと長く、微小な光チップにおいて多くの面積を必要とする。

そこでAOP基板では図3に示すようなマイクロミラーを用いた光再配線構造を用いている。光再配線構造は埋め込まれたシリコン光チップの光導波路、曲面を持つ下部ミラー、45度の角度を持つ上部ミラー、ファイバへと接続するためのポリマー光導波路から構成されている。下側のミラーは20 μm〜60 μmの曲率半径を持つバイコーニックミラー[7]であり、シリコン光導波路から微小なビーム（ビーム半径1 μm前後）をファイバと同じモードフィールド径に設計されたポリマー光導波路のモードフィールド径に変換する役割を持つ。上部ミラーは高さ30 μm程度の平坦な角度ミラーであり、下部ミラーからの光をポリマー光導波路へと導波する役割を持つ。自由空間系であるミラーを用いて上方へ光再配線することで、波長依存性や偏波依存が低く、かつ光結合部が50 μm程度と小型な構造を実現することができる。下部ミラーには感光性のポリイミド、上部ミラーにはポリマー導波路材料が用いられており、ミラーの表面には反射層として金属層が形成されている。

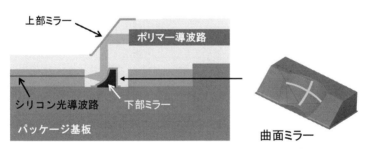

図3　マイクロミラーを用いた光再配線構造の詳細図

1.3　マイクロミラー作製技術と課題

マイクロミラーは通常の導波路などの平面構造と異なり、高さ方向に形状が変化する三次元的な作製技術を必要とする。マイクロ三次元構造を作製する技術としては、二光子吸収を用いてフェムト秒レーザで三次元構造を作製する技術[8]や階調の異なるレーザパワーを用いて現像量を調整し、三次元構造を作製するUVグレースケール露光技術[3,9]などがある。これまでAOP基板においてもUVグレースケール露光技術を用いて下部ミラー、上部ミラーを作製し、長距離通信波長帯（C-band）において、4〜5dBの広帯域な光結合[3]や112 Gb/s PAM4伝送実験[10]に成功している。一方でこれらの三次元

構造作製技術は、レーザでミラーを一つずつ描画する必要が有り、スループットに課題があった。このような背景から、弊所では型を用いて感光性レジストを直接三次元成型可能な光ナノインプリント技術に着目し、マイクロミラーの作製方法の開発に取り組んできた[11-12]。

2. 光ナノインプリントを用いたミラー作製
2.1 光ナノインプリントステッパーの開発

図4 開発した光ナノインプリントステッパー

光電融合実装における光再配線用ミラーの作製にあたり、専用の光ナノインプリントステッパーの開発を行った。図4に開発ナノインプリントステッパーの写真を示す。本装置は、モールドテーブル、ウエハ用XYθ駆動ステージ、UV光源、そして左右アライメントカメラで構成されている。実装先のパッケージ基板は75 mm角など大型な基板が用いられる場合もあるため、一括でのミラー形成を実現するため、モールドホルダーは最大で70 mm角の露光領域を持っている。また、サンプルサイズは最大200 mmウエハに対応しており、ステップ＆リピート動作でインプリントプロセスを実行可能である。モールドとレジストの接触時に気泡の混入を最小限に抑えるため、ステッパーには凝縮性ガスを導入する機構も実装されている[11]。また、左右のアライメントカメラを用いてモールドとサンプル上のマークを一致させることでアライメントが必要なパターニングにも対応しており、パターンマッチングとエッジ検出を用いた自動アライメントシステムも備えている。

2.2 上部ミラー形成プロセス

前述した開発光ナノインプリントステッパーを用いて、光再配線用ミラーの作製方法の開発を行っている。光再配線構造は上下のミラーから構成されているが、光ナノインプリントの導入の第一歩として、上部ミラーの作製方法の検討を行っている。その理由としては、上部ミラーの方が下部ミラーに比べて30 μmと大型なミラー構造が求められ、従来のUVグレースケール露光技術では十分な形状が得られていないことや上部ミラーはシリコンチップをパッケージ基板に埋め込んだ後の最終プロセ

スになるため、一括でのミラー作製が求められる点が挙げられる。

図5に上部ミラーのインプリントでの形成プロセスを示す。他の素子（下部ミラーやポリマー光導波路）はあらかじめUVリソグラフィ技術を用いて準備される。用意したサンプルに対して、液体状のポリマー樹脂をスピンコートにて塗布し、ミラー構造を持つポリジメチルシロキサン（PDMS）モールドを樹脂に対して押印し、UV照射して樹脂を硬化させる。最後にモールドを離型し、金属膜を形成することで、上部ミラーが形成される。この時、上部ミラーは高さ30 μm程度を目標としてる。提案プロセスでは上部ミラー形成時にポリマー導波路用の上部クラッドも形成される。また、PDMSモールドはあらかじめ金属マスターモールドに感光性PDMSを流し込み、露光して作製される。

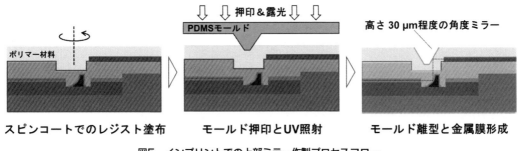

図5　インプリントでの上部ミラー作製プロセスフロー

2.3　75 mm基板でのミラー一括試作と評価

提案するインプリント技術を用いたミラー試作のデモンストレーションとして、2種類の試作を行った。1つ目が75 mm角基板への40 mm長のミラーの一括作製であり、2つ目が他の光学素子を実装したシリコン光チップでの光再配線構造試作である。本項では1つ目の75 mm角基板へのミラー試作について説明する。

この試作は、図1(a)に示されるような、51.2-Tbpsの光電融合基板を想定しており、埋め込まれた32個のシリコン光トランシーバーチップから光入出力を行うために、53 mm四方に光再配線用のミラーが必要になる。本試作では、上部ミラーのみの試作を行った。

ワーキングモールドとして、100 mm直径のPDMSモールドを金属マスターモールドから作製し、60 mm角に切り出し、ガラスホルダへと貼り付けた。モールドには53 mm平方に配置された4本の40 mm長のミラーが転写されている。インプリント先の基板にはあらかじめ、UVリソグラフィを用いて深さ32 μm、幅502 μmのミラー用ポリマー溝がパターニングされている。この試作ではミラーのみの試作を行っており、パッケージ基板にはシリコンチップは埋め込まれていない。用意された基板に対して、前節のプロセスに従い、ポリマー材をスピンコートし、手動アライメントでクロスマークを用いて位置合わせを行った後、インプリントプロセスを行った。このときモールド負荷は21.7 Nであり、60 mm平方のモールドに対して約6.0 kPaであった。

75 mm角基板でのマイクロミラー試作の結果を図6に示す。図6(a)、(b)の作製サンプル写真に示されるように、長さ40 mmを持つマイクロミラー #1～#4が一括で形成された。また、レーザ顕

微鏡を用いて得られたミラーの表面プロファイルを図6 (c)に示す。ミラー角度は最小二乗法の線形フィッティングを用いて評価され、図6(c)のミラー断面において左角度は45.5度、右角度は45.6度であった。さらに、作製したミラーの形状評価を行うため、各ミラー2 mm間隔、19箇所の形状プロファイルを測定した。図4(d)にミラー＃1〜4のミラー角度のヒストグラムを示す。この時、ミラー＃3の測定値1点は、気泡による製造エラーのため除外されている。インプリントで得られたミラー角度の標準偏差σは0.736度でした。この値がPDMSモールドの値（0.773度）とほぼ同じであることから、インプリントプロセスによって角度分散の増加は見られなかった。

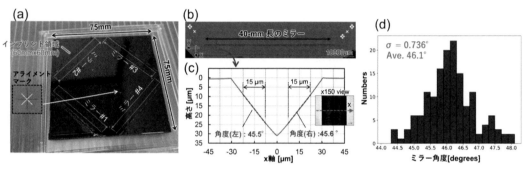

図6　インプリントを用いた75mm角基板へのマイクロミラー試作
(a)作製したサンプル写真、(b) ミラー＃1の顕微鏡写真、(c)ミラー形状プロファイル、（d）角度分散

2.4　インプリントでの光再配線構造の作製と評価

2つ目のデモンストレーションとして、インプリントで作製したミラーを用いた光再配線の特性を検証するために、シリコン光チップ上にインプリントステッパーを用いて上部ミラーの試作を行った。事前にシリコン光チップ上のキャビティにUVグレースケール露光技術を用いて下部ミラーを形成し、リソグラフィにてポリマー光導波路とミラー形成用の溝構造を作製した。ミラー用の溝は深さ25 μm、幅209 μmである。モールドは対応する反転ミラーを持つマスターモールドから形成され、チップより大きなサイズに切り出した。ポリマー光導波路（Nissan Chemical SUNCONNECT®）のクラッド材料をシリコン光チップにスピンコートし、荷重平均4.16 kPaの圧力でインプリントを行った。作製した上部ミラー部分には金の反射層を形成している。

インプリント技術を用いた光再配線構造の作製結果を図7に示す。図7(a)にはデータセンタ波長用の光再配線テストデバイスが作成されており、図7(b)の断面概要図のように、約2 mm長のシリコン光導波路、下部ミラー、インプリントされた上部ミラー、約7.8 mmのポリマー光導波路で構成されている。ミラー側のシリコン光導波路端には出射ビームの拡張のためスポットサイズコンバータが積層されている。図7(c)は、インプリントにて作製した上部ミラーの形状プロファイルを示している。この時、ミラー角度は46.7度、平坦な傾斜の長さは30.3 μmであった。作製した光再配線のファイバ間光挿入損失（IL：Insertion Loss）を図7(d)に示す。OバンドにおけるTEモードとTMモードの平均ILは、それぞれ14.1 dBと14.3 dBであった。この挿入損失は光再配線部分のみでなく、導波路の伝搬損失やファイバと導波路間の結合損失を含む値である。上部ミラー角度ずれの影響やポリマー導

波路へのマルチモード結合の影響から、3.0 dBほどの追加損失が生じている。また、当該デバイスは伝送実験として112 Gb/sのパルス振幅変調（PAM4）信号伝送実験も行い、IEEE規格[13]を満たす特性を得ている。

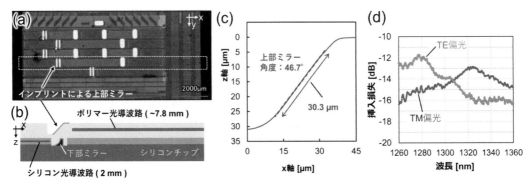

図7　インプリント技術により形成された光再配線構造の上部ミラー及び透過特性
(a) 顕微鏡画像、(b) 断面概要図、(c) 上部ミラーの形状プロファイル、(d) 透過特性

おわりに

　将来の大容量信号伝送に向けた光電融合半導体パッケージの実現のため、著者の研究グループではシリコン光チップ埋め込み型のコパッケージ形態である、AOP基板の開発に取り組んでいる。光電融合実装では微細な光チップからの光取り出し構造が課題の一つであり、AOP基板ではマイクロミラーを用いることでコンパクトな光再配線構造を実現している。これまで、三次元ミラーの作製技術にインプリント技術を採用し、装置開発や、75 mm基板での一括ミラー作製、光再配線構造での光透過や伝送実験を実証してきた。これらの試作を通じて従来のレーザ直接描画技術と比較して、大面積で十分な反射面を持つミラー作製が可能であることを示した。設計角度ずれによる損失などの課題はあるものの、これらの成果は光電融合半導体パッケージの実現に向けた重要な一歩であり、本技術が将来の通信インフラを支える基盤となることを確信している。

参考文献

1) A. Gholami, Z. Yao, S. Kim, C. Hooper, M. W. Mahoney and K. Keutzer, "AI and Memory Wall," in IEEE Micro, vol. 44, no. 3, pp. 33-39, May-June 2024, doi: 10.1109/MM.2024.3373763.

2) C. Minkenberg, et al., "Co-packaged datacenter optics: Opportunities and challenges," IET Optoelectronics, vol 15, no. 2, pp.77-91, 2021.

3) A. Noriki, et al, "Demonstration of Optical Redistribution on Silicon Photonics Die Using Polymer Waveguide and Micro Mirrors," 2020 European Conference on Optical Communications (ECOC), Tu2C-5, Brussels, Belgium, 2020, DOI: 10.1109/ECOC48923.2020.9333180.

4) A. Noriki et al., "Development of all-photonics-function embedded package substrate using 2.3D RDL interposer for co-packaged optics," 2024 IEEE 74th Electronic Components and Technology Conference (ECTC), Denver, CO, USA, 2024, pp. 96-100, doi: 10.1109/ECTC51529.2024.00025.

5) D. Taillaert, P. Bienstman, and R. Baets, "Compact efficient broadband grating coupler for silicon-on-insulator waveguides," Opt. Lett. vol. 29, no.23, pp. 2749-2751, Dec. 2004, DOI: 10.1364/OL.29.002749.

6) R. Dangel et al., "Polymer Waveguides Enabling Scalable Low-Loss Adiabatic Optical Coupling for Silicon Photonics," IEEE J. Sel. Top. Quantum Electron, vol. 24, no. 4, pp. 1-11, July-Aug. 2018, Art no. 8200211, DOI: 10.1109/JSTQE.2018.2812603.

7) F. Nakamura et al., "Thermal Characteristics of Mirror-Based Optical Redistribution for Co-Packaged Optics," in Journal of Lightwave Technology, vol. 41, no. 19, pp. 6333-6340, 1 Oct.1, 2023, doi: 10.1109/JLT.2023.3283023.

8) Grushina, Anya. "Direct-write grayscale lithography" Advanced Optical Technologies, vol. 8, no. 3-4, 2019, pp. 163-169. DOI: 10.1515/aot-2019-0024

9) Hahn, V., Messer, T., Bojanowski, N.M. et al. Two-step absorption instead of two-photon absorption in 3D nanoprinting. Nat. Photon. 15, 932–938 (2021). https://doi.org/10.1038/s41566-021-00906-8

10) S. Suda, et al, "Heat-tolerant 112-Gb/s PAM4 transmission using active optical package substrate for silicon photonics co-packaging," in 26th Optoelectronics and Communications Conference,., OSA Technical Digest (Optica Publishing Group, 2021), paper W3C.4.

11) F. Nakamura, et al., "Micromirror fabrication for co-packaged optics using 3D nanoimprint technology," J. Vac. Sci. Technol. B, Vol. 40, No. 6, 2022.

12) F. Nakamura, K. Suzuki, A. Noriki, S. Suda, T. Kurosu and T. Amano, "Scalable Fabrication of 3D Optical Re-distribution for Co-Packaged Optics using an Developed Nanoimprint Stepper," 2024 IEEE 74th Electronic Components and Technology Conference (ECTC), Denver, CO, USA, 2024, pp. 1404-1408, doi: 10.1109/ECTC51529.2024.00229.

13) IEEE, "802.3bs-2017-IEEE Standard for Ethernet - Amendment 10: Media Access Control Parameters, Physical Layers, and Management Parameters for 200 Gb/s and 400 Gb/s Operation," pp.1–372, 2017, DOI: 10.1109/IEEESTD.2017.8207825.

第1章 ナノインプリント・リソグラフィの概要・半導体への応用

第5節　低欠陥・超高速ナノインプリント技術の開発と半導体の微細配線加工に向けた取り組み

国立研究開発法人産業技術総合研究所　鈴木　健太

はじめに

　ナノインプリントは、10 nm以下の優れた解像性を持ち、半導体デバイス、光学素子などの分野でのパターニング技術として応用が期待されている。特に先端半導体デバイス製造においては線幅20 nm以下の新たなリソグラフィ技術を目指した研究開発が進められている。特長としては、ウエハ上に光硬化性樹脂液をインクジェット塗布し、ヘリウムガス雰囲気で光ナノインプリントする技術である。光硬化性樹脂液（レジスト液）をインクジェット塗布することで、パターンの粗密に対応することが可能であり、ヘリウムガスはインプリントする際に生じるモールド溝への樹脂液の未充填欠陥（気泡欠陥）を防止する役割がある。我々は未充填欠陥を防止する別の方法として、混合凝縮性ガスを利用する光ナノインプリント手法の研究を進めている。混合凝縮性ガスはインプリント圧力で液化する飽和蒸気圧が低いガスであり、接触時の気泡混入による未充填欠陥を防止する。

　本節では、凝縮性ガスを導入するナノインプリント技術と混合凝縮性ガスを導入するナノインプリントの特徴について説明する。また、ナノインプリントリソグラフィの半導体配線加工に向けた実証例についても説明する。

1. 凝縮性ガスを導入するナノインプリント

　光ナノインプリントの課題の一つである気泡欠陥を防ぐ目的で、凝縮性ガスを導入する光ナノインプリント技術がある。図1のように石英モールドと光硬化樹脂液（レジスト液）が塗布されたシリコン基板との間に、凝縮性のガスをノズルから噴射し、ガス雰囲気下で光ナノインプリントを行う手法である。沸点が15度と低く、1.5気圧（約0.15 MPa）で液化（凝縮）する1,1,1,3,3-ペンタフルオロプロパン（PFP）ガスに着目し開発を進めてきた[1]。気泡欠陥の防止のメカニズムは以下である。PFPガス雰囲気下でモールドを光硬化樹脂液に押し付けると、捕獲されたPFPガスは、石英モールドの加圧により気体時の1/200に体積が減少し、凝縮する。PFPは液体状態で石英モールドと光硬化樹脂液の界面に留まり、樹脂を光硬化することで、気泡欠陥のない光ナノインプリントを行うことができる。この凝縮性ガスの利点は、ナノインプリントのスループット向上にも貢献する。モールドや下地膜に透過型の材料を用いる場合や、分子径の小さいヘリウムガスを用いてモールドや基板にガスを透過する手法の場合には、パターンサイズの影響を受けやすい。一方、凝縮性ガスを用いる場合には、液化するメカニズムのため、パターンサイズに寄らず高速な充填が可能になると考えられる。

　図2は100 μm角のチェッカーパターン（深さ118 nm）を有するモールド部へのNILレジストの充填経過を観察した画像である[2]。NILレジストにはPAK-01を用いて110 nm厚でスピンコート塗布した。図2(a)はヘリウム下のレジスト液のモールドへの充填の経過を示している。ヘリウムガスは石英

を透過できるがモールドのパターンサイズが大きいため、10秒程度の充填時間を要する。一方、図2(b)に示すように凝縮性ガス下ではモールドがNILレジストに接触した瞬間にモールドのキャビティ内のガスが液化することで、0.1秒で充填が完了している。このようにパターンサイズがマイクロメートルと大きい場合においてもガスが液化する条件を満たすことにより瞬時に充填することができ、ナノインプリントの高速化に有利である。近年はハイドロフルオロオレフィン（HFO）系の地球温暖化係数が限りなくゼロに近いガスを用いた凝縮性ガス導入するナノインプリントの開発を行っている。そしてHFO系の凝縮性ガス（トランス-1-クロロ-3,3,3-トリフルオロプロペン：CTFP）を利用しても従来用いてきたPFPと同じように気泡欠陥の除去が可能であることを実証した[2]。また、パターン品質に関しては凝縮性ガスの飽和蒸気圧がPFPよりも高いガス［トランス-1,3,3,3-テトラフルオロプロペン（TFP）、飽和蒸気圧0.5 MPa］を用いることにより、極微細な線幅24 nmの場合においても、ラインのうねりの評価の指標であるラインエッジラフネス（LER）を2 nm以下にすることに成功し[3]、凝縮性ガスを用いた場合でもパターニング品質を向上できることを明らかにした。図3は各凝縮性ガスでナノインプリントした試料表面の表面粗さを計測したAFM画像を示している[4]。PFPやCTFPでは大気下に比べて、表面が粒子状になっており、表面粗さも増大している。それに対して飽和蒸気圧の高いTFPガス下での表面粗さは0.27 nmと大気中とほとんど変わっていない。

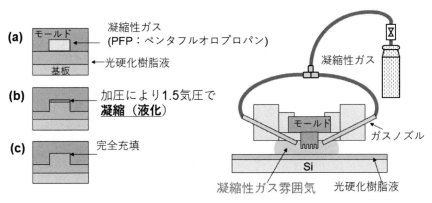

図1　凝縮性ガスを導入する光ナノインプリント法

第1章 ナノインプリント・リソグラフィの概要・半導体への応用

図2 レジストの充填経過 (a) He下、(b) PFP下[2]

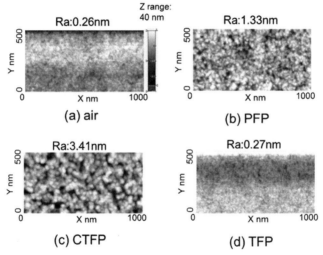

図3 各凝縮性ガス雰囲気下でナノインプリントしたパターンの表面粗さ[4]

2. 混合凝縮性ガスを導入するナノインプリント

　凝縮性ガスを導入するナノインプリント手法は、2つの混合した凝縮性ガスを導入することでパターン品質や線幅の制御が可能である。図4はトランス-1-クロロ-3,3,3-トリフルオロプロペン（CTFP）とトランス-1,3,3,3-テトラフルオロプロペン（TFP）の2種類の凝縮性ガスの割合を変えて混合した雰囲気下でのナノインプリントパターンのSEM画像を示している[5]。ナノインプリント材料には東洋合成製のPAK-02を用いた。図4(a)と(b)と(c)はそれぞれ、PFP、CTFP、TFPガスを単体で用いた場合のナノインプリントパターンである。PFPとCTFPではナノインプリント樹脂であるPAK-02へのガス吸収量が多いためにパターン表面が荒れてラインパターンが解像していない。TFPでは表面荒れは確認できないがパターン倒れや引きちぎれが生じており、ナノインプリント時の離型が上手くいっていない。対してCTFPとTFPを混合したガス雰囲気下ではCTFPの割合が高い場合には図4(d)-(f)のようにパターン表面荒れが大きくラインパターンが解像していない。一方TFPの高

073

い割合（67％以上）の図4(g)と4(h)では、16nm線幅のラインパターンの解像に成功した。これはTFPの割合が高いことによりパターン表面の荒れが生じずに、CTFPが少量添加されていることによりナノパターンの離型性が向上した効果が考えられる。

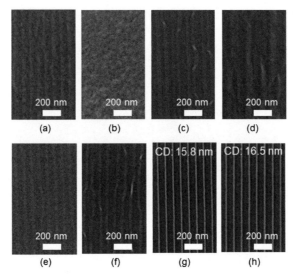

図4　孤立線幅16 nmのナノインプリントパターンのSEM画像
(a) PFP 100%、(b) CTFP100%、(c) TFP 100%、(d) CTFP83%/TFP17%、
(e) CTFP67%/TFP33%、(f) CTFP50%/TFP50%、(g) CTFP33%/TFP67%
(h) CTFP17%/TFP83% [5]

また、凝縮性ガスの吸収量が適度で表面荒れが大きくないナノインプリント材料を用いた場合には凝縮性ガスの混合割合を変動させることにより、パターン線幅を調整することができる。図5は線幅70 nmのラインパターンのモールドを用いてCTFPとTFPの混合ガスの割合を変動されたときのラインパターンの線幅を示している[4]。ナノインプリント材料には東洋合成製のPAK-01を用いた。TFPの割合が増加するにつれてライン線幅が大きくなっている。正確にはCTFPの割合が増加するにつれて、ナノインプリント材料のガス吸収量が大きく、パターンが収縮する量が大きいために線幅の変動が生じている。このように線幅70 nmラインパターンに対して凝縮性ガスの混合割合を変動させることにより、10 nm程度の線幅制御が可能である。

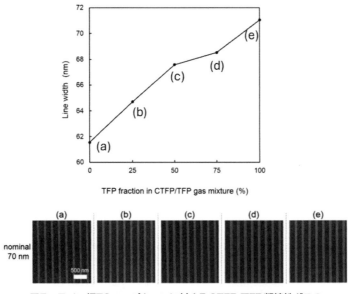

図5 ライン幅70 nmパターンに対するCTFP/TFP凝縮性ガスの
混合割合による線幅変動のグラフとSEM画像[4]

　次に混合凝縮性ガス雰囲気でのナノインプリントの充填の様子を説明する[6]。図6(a)にモールドのパターンレイアウトを示す。モールドの外径7 mm角内前面に250 μmピッチで格子状にパターンが配置されている。さらに格子状に見えるパターン溝部は、2.5 μmライン＆スペースパターンが加工されている。微小液滴を自由に配置可能なインクジェット装置を用い、シリコンウエハ上に、UV硬化樹脂（PAK-02 東洋合成）を250 μmピッチに、インプリント領域7 mm角に塗布した［図6(b)］。インプリント雰囲気として、ヘリウムガス及び、混合凝縮性ガスを用いた。混合凝縮性ガスはトランス-1,3,3,3-テトラフルオロプロペン［(TFP) 飽和蒸気圧0.5MPa］とトランス-1-クロロ-3,3,3-トリフルオロプロペン［(CTFP) 飽和蒸気圧0.13MPa］をそれぞれ5：1で混合した。図7(a)はヘリウムガス雰囲気下でインプリントした時の樹脂液の充填観察画像を示す。液滴にモールドが接触すると液滴が濡れ広がり、パターンの一部に未充填箇所が見られるが、時間とともに未充填箇所が減少している。最終的に画像内では10 sで完全に充填が完了した。接触してから充填に時間が掛かる理由としては、ヘリウムは分子径が小さいため石英製のモールドに透過することで気泡除去するからである。図7(b)は混合凝縮性ガス雰囲気下でインプリントした時の樹脂液の充填観察画像を示す。液滴の濡れ広がりとともに未充填箇所がなくなっていき、画像内では0.3秒で充填が完了した。ヘリウム雰囲気下の充填挙動と比較して充填速度が速く、インクジェット塗布した微小液滴に対しても凝縮性ガス下でナノインプリントを行うことは有効であるということがわかる。

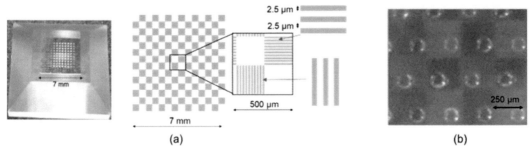

図6 (a) モールドのパターンレイアウト、(b) インクジェット塗布した微小液滴の画像

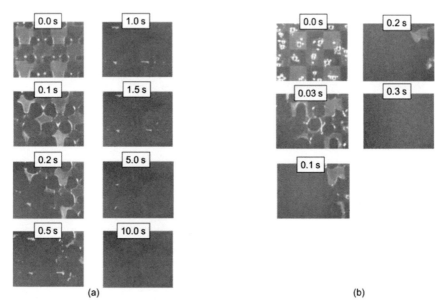

図7 インクジェット塗布した250μmピッチの微小液滴に対するインプリント時の充填挙動：
(a) ヘリウムガス雰囲気下、(b) 混合凝縮性ガス雰囲気下 [6]

3. 半導体配線加工に向けた取り組み

　光ナノインプリントの大きな応用市場の一つとして次世代半導体応用のリソグラフィが挙げられる。半導体デバイスの製造技術に用いられているフォトリソグラフィは、露光光の短波長化と高NA（Numerical Aperture：開口数）化を推進することで、レジストパターンの限界解像力（最小加工寸法）を40 nm程度まで延ばしてきた。それ以降の微細化の対応として、マルチパターニング技術と呼ばれる元のリソグラフィパターンの1/X倍ピッチ化する方法が採用されている。1/2倍ピッチの場合はダブルパターニングと呼んでいる。マルチパターニング法としてはリソグラフィ-エッチング-リソグラフィ-エッチング（LELE）法やリソグラフィで行ったコアパターン（マンドレル）に原子堆積法（ALD）を成膜し、ドライエッチングを行うことでコアパターンの側壁のALD膜をパターンとして残す側壁法がある。側壁法の場合1/2倍ピッチの場合はSelf Aligned Double Patterning（SADP）と呼び、例えばコアパターンをHP44 nmL/Sに対してダブルパターニングを行った場合、HP22 nmL/Sのパターン

を形成することが可能である。マルチパターニング法は微細化が容易で優れた手法である一方、デバイスや回路の設計ルールの制限やプロセスコストの増加がデメリットとして挙げられる。また、近年、極紫外光（波長13.5 nm）を利用するEUV（Extreme Ultraviolet）リソグラフィ技術の実用化により、シングル露光においてHP15 nm程度の微細化を実現している。しかしながら、デバイスの微細化はさらに進んでおり、EUVを用いたマルチパターニング法が使われ始めている。今後もリソグラフィの微細化は進展行くことが期待されている一方で、プロセスコストの増加により、グリーンなリソグラフィへの要求が高まっている。この一つの候補としてナノインプリントリソグラフィの研究開発が進められている。ナノインプリントリソグラフィは、HP30 nm以下でのプロセスにおいて、マルチパターニングやEUVよりもcost of ownership（CoO）の観点で優れていると言われている[6]。また最小、HP11 nmL/Sや7 nmホールパターンが実証されており、今後の半導体リソグラフィの微細化にも対応できると期待されている。

　実際の配線加工の研究開発事例としてはナノインプリントリソグラフィを用いてパターニングされたTEG（テストエレメントグループ）のダマシン配線の加工評価や電気的な評価が報告されている。HP70 nmの実証においては60 nmから78 nmまでのCu配線の電気評価と形状評価が行われ、2 nm刻みで配線形状が作製されたことが確認され、すぐれた線幅制御性が明らかになった[7]。また、最新のノードに近いHP24nmのダマシン配線加工の実証も行われ[8]、タングステンの埋め込み配線の形状（図8）やOPEN/SHORTの電気的な評価から、NILでパターニングされたTEGの良好な配線化が可能であることが示された（図9）。

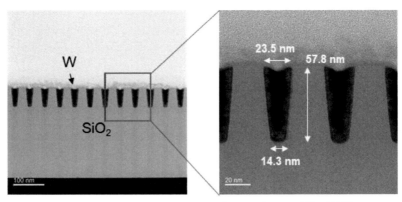

図8　HP24 nmのNILを用いたタングステンダマシン配線の断面[8]

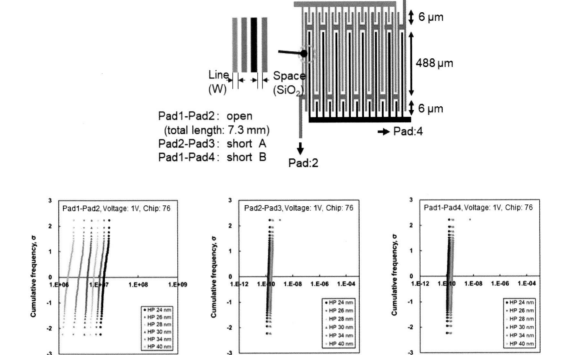

図9 NILを用いたHP24 nm〜HP40 nmの配線のOPEN/SHORTの電気評価[8]

おわりに

　混合凝縮性ガスの光ナノインプリントプロセスは、気泡欠陥を防止させることができ、且つ極微細なナノパターンの離型性の向上の効果がある。また凝縮性ガスの混合割合により、ナノインプリントパターンの線幅調整を行うことができ、リソグラフィの応用において有用であると考えられる。またナノインプリントリソグラフィを用いた半導体の配線加工の実証が始まり、優れた線幅制御性や、最新のノードに近いHP20 nm台の配線においても良好な作製結果が得られている。

参考文献

1) H. Hiroshima and M. Komuro, "Control of Bubble Defects in UV Nanoimprint", Jpn. J. Appl. Phys. 46, 6391 (2007).

2) K. Suzuki, S. -W. Youn, and H. Hiroshima, "Bubble-free high-speed UV nanoimprint lithography using condensable gas with very low global warming potential", Jpn. J. Appl. Phys., 55, 076502 (2016).

3) K. Suzuki, S. -W. Youn, and H. Hiroshima, "Bubble-Free Patterning with Low Line Edge Roughness by Ultraviolet Nanoimprinting using Trans-1,3,3,3-tetrafluoropropene Condensable Gas", Appl. Phys. Lett. 109, 143102 (2016).

4) K. Suzuki, S. -W. Youn, and H. Hiroshima, "Ultraviolet Nanoimprint Lithography in the Mixture of Condensable Gases with Different Vapor Pressures", J. Photopolym. Sci. Technol., 28,181(2016).

5) K. Suzuki, S. -W. Youn, and H. Hiroshima, "Solubility Property of Condensable Gases of Trans-1-Chloro-3,3,3-Trifluoropropene and Trans-1,3,3,3-Tetrafluoropropene in UV Nanoimprint", J. Photopolym. Sci. Technol., 32, 123(2019).

6) K. Suzuki, T. Okawa and S. -W. Youn, "Droplet-Dispensed Ultraviolet Nanoimprint Lithography in Mixed Condensable Gas of Trans-1,3,3,3-Tetrafluoropropene and Trans-1-Chloro-3,3,3-Trifluoropropene", J. Photopolym. Sci. Technol., 35, 135(2022).

7) K. Suzuki, S.-W. Youn, T. Ueda, H. Hiroshima, Y. Hayashi, M. Ishida, T. Funayoshi, H. Hiura, N. Hasegawa and K. Yamamoto, "Electrical evaluation of copper damascene interconnects based on nanoimprint lithography compared with ArF immersion lithography for back-end-of-line process", J. Appl. Phys., 63, 03SP41 (2024).

8) K. Suzuki, T. Ueda, H. Hiroshima, Y. Hayashi, M. Ishida, T. Funayoshi, H. Hiura, N. Hasegawa and K. Yamamoto, "Open/short-TEG evaluation of 24 nm-half-pitch-W damascene interconnects based on nanoimprint lithography", Proc. of SPIE 12956, 129560W (2024).

第1章 ナノインプリント・リソグラフィの概要・半導体への応用

第6節　ナノインプリントリソグラフィの課題とデバイス適用への見通し

Micron Memory Japan, K.K　岩城　友博

はじめに

　半導体の歴史は常に光リソグラフィが微細化の主役であったが、ArF以降の光源開発の難航により2000年前半より台頭した液浸技術が現在においてもクリティカルパスである。次世代光源としてExtreme Ultra Violet（EUV）が2019年以降にロジックをメインとして使われ始めた。半導体デバイスの高密度集積化は性能向上やコスト低減などのメリットをもたらす。2022年代からメモリ産業においてもEUVが検討されるようになったが、性能面やコスト効率の観点から本格的な運用には至っていない。EUVのコスト問題に対抗するように、Direct Self Assembly（DSA）や金型（モールド）をレジストにプレスして成型するナノインプリントリソグラフィ（NIL）が検討されている。DSAは分子が自然発生的に集合してパターンを形成するが形成可能なパターニングの種類がシンプルなパターンに厳選される。一方でナノインプリントはモールドの加工レベルに左右されるためパターニングの自由度が高い。現在主流のナノインプリントは光ナノインプリントが主流である。光ナノインプリントはUV硬化性レジストを使用して、レプリカ越しにUV照射を行い、レジストを硬化し離形することでパターンを形成する。昨今では3次元配線や微細加工に注目が集まっている。本節では、現在の主流プロセス、デバイス適用への課題について説明する。

1.　リソグラフィプロセスの歴史

　半導体において微細化は、ムーアの法則に従い、リソグラフィの光源短波長化により微細化が牽引されてきた。その歴史はg線リソグライフィ（露光波長:465nm）が基軸となり、i線リソグラフィ（露光波長:365nm）、KrFリソグラフィ（露光波長:248nm）、ArFリソグラフィ（露光波長:193nm）と光源の短波長化の進歩が微細化を牽引してきたが、F2リソグラフィ（露光波長:154nm）の開発に苦しみ、装置、材料、プロセス、コストのすべての面から開発段階での中止が余儀なくされ、代わりに台頭した液浸ArFリソグラフィは水の屈折率（n=1.44）を使用することで、実効露光波長が134nmへ進歩したが液浸リソグラフィの台頭した2000年前半から2020年頃まで次世代光源の開発に苦しんできた。その結果、液浸リソグラフィを利用したK1ファクターの削減が大きく微細化に貢献し、特にダブルパターンプロセスの台頭は微細化の主役がリソグラフィからCVDやドライエッチにバトンが渡ることとなる。EUVは早い実用化が期待されたが光源開発の遅れなど、実現性の難しさから量産適用が2020年まで持ち越しとなった。その間、液浸リソグラフィとEUVの間を埋めるべくノベルパターニングの研究が盛んに行われてきた。特にDSAとナノインプリントは2010年までに多くの研究がされ、そこをピークに緩やかに発表件数は減少傾向をたどる。EUVが実現性を増してきた2019年ごろにはピークの半分程度の発表件数になった。EUVは（露光波長:13.5nm）と大きく露光波長を縮めてきたが、対コストを比較するとEUVを避けてダブルパターンプロセスを継続する傾向にある。

そこでナノインプリントのようなノベルパターニングがコスト競争力を維持しながらEUVと液浸の間の技術を埋められる期待ができる。

2. ナノインプリントプロセス

ナノインプリントプロセスは密着層にレジストを塗布し、テンプレートと呼ばれるモールドを基板に押し込むことでテンプレート中に形成されたスペースにレジストが充填される。充填後にテンプレート越しにUV照射を行いレジストを硬化させる。レジストを硬化させたのちにテンプレートとレジストを離型し、ウエハ上にパターンを形成する。レジスト塗布には二種類の方法がある。一つ目はスピンオンコート法によるレジスト成膜方法と、テンプレートのパターン密集率から計算された配置に適正量のレジストをインクジェット塗布法により塗布する技術である。スピンコート法とインクジェット法には双方にメリットとデメリットがある事を説明する。スピンコート法はトラックを利用したスピンコート技術である。膜厚均一性に優れるが、ナノインプリントの押印時にパターンの密度差による膜厚変動が発生する。この膜厚変動はナノインプリント形成後にドライエッチをするが、エッチングマージンや、アンダーレイヤーへのオーバーエッチングがエリアに対して変動する恐れがある。この問題は根本的に塗布される単位当たりのレジスト量とテンプレートが持つパターン密度の影響により体積変動が発生する逃げ場を失ったレジストはテンプレートの底部に残留するため、密着層に接するレジストが厚くなることが懸念される。またこれを対策するためにレジスト塗布の膜厚を低くすると、充填率がカバーされずに密なパターンではパターンの高さが低くなってしまう現象が発生する。一方で、光リソグラフィではパターン依存による体積の変動は発生せず、現像工程によるレジスト除去を行うため、スピンコート法での問題はナノインプリント特有の現象である。

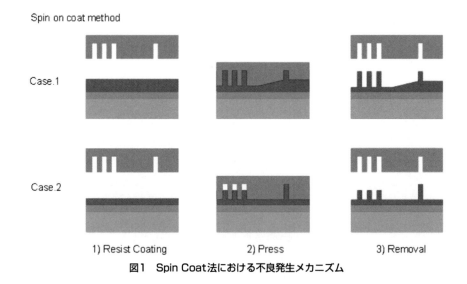

図1 Spin Coat法における不良発生メカニズム

次にインクジェットフィル法について説明をする。インクジェットフィル方式はパターンのデータ率から必要な個所と必要な量のレジストを球状に射出したレジストをウエハ基板上に塗布する。テンプレートを押印すると図2に示すような良好なパターンが取得できる。上記までの理由で現在のナノインプリントの主流塗布技術となっている。

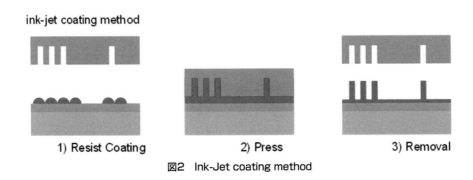

図2　Ink-Jet coating method

3. ナノインプリントプロセスの抱える課題
3.1　インクジェットコーティング

前述に述べたインクジェットコーティングについても課題がある。インクジェットフィル法は革命的なレジスト塗布技術である。一方その特性上、ショット間にスリットが発生してしまう問題がある。これはショット間の領域にレジスト塗布ができないためである。レジスト塗布は押印前にウエハ全面に塗布された状態で押印作業に入る。事前に計算された吐出量、吐出位置はショットマップとテンプレートのデータ率により計算される。そのためショット間にレジストのない領域が発生する。現在はマージンの観点から数um程度のギャップが存在している。デバイス開発はコスト収益率改善の観点から1ウエハあたりに取得可能なチップ数を増やすために過去の世代に比べてスクライブラインの縮小化を進めている。数umのギャップは例えば60umのスクライブを採用している半導体デバイスでは、ショット間のスクライブ領域は片側30umとなる。それに対し数umの領域がデザインとして使用できなくなるというのは大きな痛手であり、スクライブマークの縮小化の意味を失う。また、ギャップ上に塗布するというアイデアも考えたが、UV照射後に硬化することを考慮するとパーティクル発生の可能性などの懸念が発生する。そのためにギャップは必要不可欠である。スピンオンコートの場合はこの問題は発生しない。

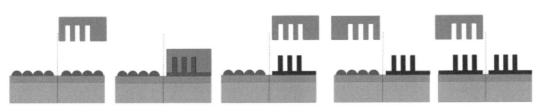

図3　Shot to Shot Nanoimprinting Image

この問題はスクライブ上の加工形成に意図しないスリットが形成される。意図しない加工跡は加工工程によってはメタルなどが残留し、メタル汚染の問題を引き起こすリスクがある。またダイシング時はスクライブ中心線を加工するため歩留まり率の低下を引き起こす可能性が示唆される。対策として挙げられているのが、ナノインプリント形成からの反転技術が提案される。図4にリバースプロセスを利用した加工例を示す。ナノインプリント時のパターンをポジネガを逆にし押印処理を行う。次に反転加工用に使用するリバースマテリアルを塗布する。この時に使用するマテリアルはナノインプリントのレジストに対して十分な選択比を有する必要がある。例えば酸化膜材などのコーティング剤などでリバースフィルをした後にRIEなどのエッチングにてナノインプリントのレジスト部だけ加工することで、ギャップ間のスリットにパターンを形成する解決策が提案できる。

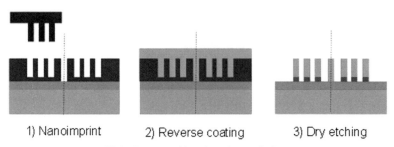

図4　Reverse Nanoimprint technics
Reference : SPIE Photomask Technology + EUV Lithography, 2024, Monterey, California, United States (13216I)
Nanoimprint lithography performance and applications

3.2　アライメント

ナノインプリントのアライメント技術はTTMアライメントシステムを用いて重ね合わせ補正をする。TTMとはNILのアライメントシステムでThrough The Mask（TTM）Moire alignment systemである。TTMはナノインプリント処理中にショット毎に高次補正の計算をWafer側に形成したMoireマークと、テンプレート上に形成したモアレマークの干渉から重ね合わせズレ量を計算し、テンプレートを左右上下から熱と力によって高次補正を実施する。ショット毎にテンプレートのディストーションを変形させ、下地に対して重ね合わせを合わせることが出来る。しかしながらこの多点補正のためにウエハ上に多くのマークを配置することはスクライブの利用効率が非常に悪い。光リソグラフィにおいても液浸露光機などで用いられる、HOWA（High Order Wafer Alignment）もある。HOWAシステムも同様にショット内のスクライブ効率が悪いが、基板上に形成されたマークを使い回せるという点にある。TTMマークは図5に示すようなアライメントを実施するため、実ウエハ上にTTMマークが押印されてしまう。押印されたマークはドライエッチ等の加工プロセスより基板Moireマークを形成するため再利用が不可能になる。

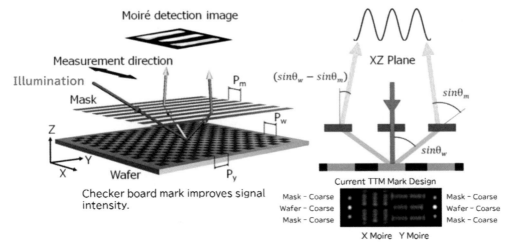

図5-1 Moire Mark Alignment mechanism
Reference : SPIE Advanced Lithography, 2020, San Jose, California, United States
T.Komaki et al. SPIE Proceedings Volume 11327, Optical Microlithography
XXXIII; 113270Y (2020) Through-the-mask (TTM) optical alignment for high volume manufacturing nanoimprint lithography systems

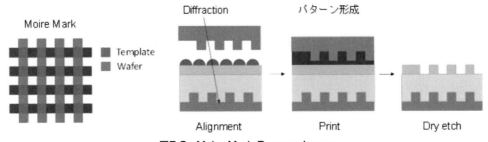

図5-2 Moire Mark Process Image

その問題に対して、現在検討されているのがレジストにエッチング時にマージンを持つように設計されたアライメントマークを有するテンプレート技術である。図6は簡易的に示したアライメントマークとパターンをもつテンプレートである。(i) アライメントマーク部において領域を全体的にリセスさせ、その中にMoireマークを形成する。一方でテンプレート界面に所望の (ii) パターンを配置する。

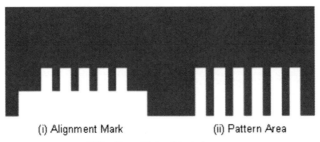

図6 New Moire Mark Image

この場合にプロセス処理としてどう進むのかを示したのが、図7である。はじめにWafer側に形成したMoire Mark上に密着膜を成膜し、インクジェットフィルでレジストを塗布する。次に上記で作成したテンプレートを押印し、UV露光を行い離型することでモアレマーク上にアイランド状のパターンを形成する。空洞を有したMoire部は押印時に厚膜になり、その後下地に転写されたときにエッチストップとなり膜が残る。そうするとWafer側のMoireはテンプレートのMoireによるダメージがなく再利用可能となる。これを我々はステルスマークと呼ぶ。このステルスマークを使用することで従前課題であったスクライブの占有率の問題が解決できる。

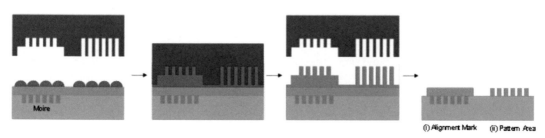

図7　Example Stealth Moire Mark

3.3　テンプレートの課題

　ナノインプリントのマスクは光リソグラフィの縮小投影露光技術と違い一対一のコンタクトアライナー方式でパターンを形成するため、テンプレート側にEB露光（電子ビーム露光）で微細なパターンを形成する必要がある。またWafer側に転写される際のラフネスはテンプレートの加工精度に依存し、微細パターン適用への課題となる。まず初めに、微細化に対してテンプレートを加工する際に、テンプレートにレジストを塗布し、EB露光によるパターン描画を行う。EB露光とはレジストなどの感光材に電子ビームを照射して化学反応を引き起こし、露光を行う。この技術は光リソグラフィのマスクにも使用されており従前の技術であるが、光リソグラフィは4倍の縮小投影技術をするため、パターンの加工精度は桁違いに困難である。現在の加工精度は14nm程度が限界であるといわれている。テンプレートの加工プロセスは通常レジスト単体描画が主流であるが、石英基板の加工時に相応のレジスト膜厚が必要になる。現在はハードマスクを利用したプロセスが利用されている。またこれまでのレチクル描画はシングルビームでの描画であったが、昨今ではマルチビーム描画が主流になりつつある。これは従来一本であった電子束が約50万本まで拡大する。またマスクプロセスについてもLELE（litho-etch-litho-etch）やSADP（self align double patterning）なども検討されており、サブ20nmの取り組みについても見通しは明るそうだが時間はかかると思われる。また、EBレジストについてもナノインプリントのために開発を進めていかなければならない。線幅が細くなると加工以前にレジストのアスペクト比が高くなり、ラフネスやディフェクトの問題になる。

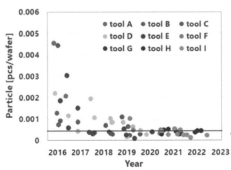

図8　Mask lifetime
Reference：SPIE Photomask Technology + EUV Lithography, 2024, Monterey, California, United States (13216I) Nanoimprint lithography performance and applications

4. 3Dナノインプリントの可能性

　昨今、各カンファレンスで話題になってる3Dナノインプリントも魅力的な技術である。3Dナノインプリントは主にダマシンフローを一回でできることが魅力である。技術的に難しい一方で、デバイスメーカー視点のメリットについて説明する。一例をあげるとしてBEOLでよく使われるデュアルダマシンプロセスについて説明する。図.9で説明するのは上が通常のLELEのデュアルダマシンフローで下がナノインプリントを使用した実施例になる。通常デュアルダマシンはコンタクトを形成し、トレンチを形成する。その後、バリアフィルムを成膜し、CuメッキにしてCuを埋設後、CMPにて擦切る。一方で、ナノインプリントはナノインプリント形成時にコンタクトホールとトレンチをあらかじめ形成し、ドライエッチングにて同時形成を行う。その後、バリアフィルムを成膜し、CuメッキにしてCuを埋設後、CMPにて擦切る。

　コスト面から考慮すると、コンタクトホールと配線工程が液浸やEUVを使用してる場合、1工程に短縮できるメリットがある。また、コンタクトホールとトレンチを同時形成することで重ね合わせを懸念する必要がない点である。図10では簡単な模式図を説明する。Photoプロセス1とPhotoプロセス2はお互いにダイレクトアライメントであるが、Aに示す仕上がりのコンタクトが大きい場合に、隣接する配線とショートする可能性が考えられ、Bに示すケースでは重ね合わせがシフトすることによって隣接する配線とショートまたは目的の配線に対してオープンになる可能性がある。ナノインプリントを使用することでこれらのメリットが享受できるのは魅力的な話である。一方で、デメリットはどのようにテンプレートを加工していくかである。図11に示すように3次元構造をとるナノインプリントは突起状のような形態をもつ。第一に（a）ではコンタクトホールになるピラーを形成し、（b）にて配線となる溝を形成する。この時テンプレート加工時の精度が重要になる、特にコンタクトホールの形状が（c）ののような形状になると、ホール形成後の非開口などの懸念がありテンプレートの作成難易度が高そうである。

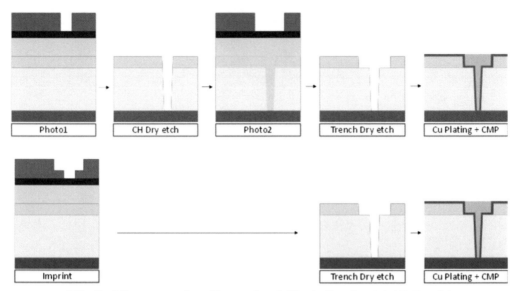

図9 Dual Damascene flow (Conventional＜Top＞ Nanoimprint＜Bottom＞)

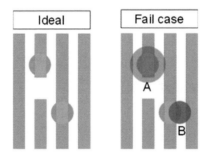

図10 Example for Process margin

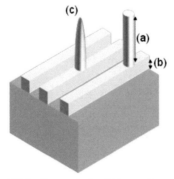

図11 Example for 3D template

おわりに

この数年間、デバイス適用に向けてナノインプリントの可能性を探ってきた。現状我々の要求するスペックには到達していないが、改善の兆しは見えてきている。また新しいアイデアも活発に議論されるようになった。最先端のリソグラフィとしてはテンプレートの加工精度に左右されるところもあり、テンプレート向けのプロセスも開発が必要であるが、レジストメーカーや材料メーカーからウエハプロセスから移管された技術などを検討していく予定である。ウエハプロセスではシリコン系のハードマスクや、カーボン材料を取り入れ、レジストのアスペクトを低減し、Wigglingやラフネスを改善していく必要がある。またエッチング時においては適切なハードマスクの選択と、エッチングガスの選択が今後の重要なアイテムとなるだろう。なぜなら3Dマスクはコンタクトの深さやトレンチの溝面積がデバイスパラメーターに大きな影響をあたえる。これらのフィードバックを適切に効果的に行うことで高い確度と効率よくナノインプリントの微細化適用に貢献していく。

参考文献

1) S. Y. Chou, P. R. Kraus, P. J. Renstrom, "Nanoimprint Lithography", J. Vac. Sci. Technol. B 1996, 14(6), 4129 - 4133.

2) T. K. Widden, D. K. Ferry, M. N. Kozicki, E. Kim, A. Kumar, J. Wilbur, G. M. Whitesides, Nanotechnology, 1996, 7, 447 - 451.

3) M. Colburn, S. Johnson, M. Stewart, S. Damle, T. Bailey, B. Choi, M. Wedlake, T. Michaelson, S. V. Sreenivasan, J. Ekerdt, and C. G. Willson, Proc. SPIE, Emerging Lithographic Technologies III, 379 (1999).

4) M. Colburn, T. Bailey, B. J. Choi, J. G. Ekerdt, S. V. Sreenivasan, Solid State Technology, 67, June 2001.

5) T. C. Bailey, D. J. Resnick, D. Mancini, K. J. Nordquist, W. J. Dauksher, E. Ainley, A. Talin, K. Gehoski, J. H. Baker, B. J. Choi, S. Johnson, M. Colburn, S. V. Sreenivasan, J. G. Ekerdt, and C. G. Willson, Microelectronic Engineering 61-62 (2002) 461-467.

6) S.V. Sreenivasan, P. Schumaker, B. Mokaberi-Nezhad, J. Choi, J. Perez, V. Truskett, F. Xu, X, Lu, presented at the SPIE Advanced Lithography Symposium, Conference 7271, 2009.

7) K. Selenidis, J. Maltabes, I. McMackin, J. Perez, W. Martin, D. J. Resnick, S.V. Sreenivasan, Proc. SPIE Vol. 6730, 67300F-1, 2007.

8) I. McMackin, J. Choi, P. Schumaker, V. Nguyen, F. Xu, E. Thompson, D. Babbs, S. V. Sreenivasan, M. Watts, and N. Schumaker, Proc. SPIE 5374, 222 (2004).

9) K. S. Selinidis, C. B. Brooks, G. F. Doyle, L. Brown, C. Jones, J. Imhof, D. L. LaBrake, D. J. Resnick, S. V. Sreenivasan, Proc. SPIE 7970 (2011).

10) M. Hiura, T. Hayashi, A. Kimura, Y. Suzaki, Proc. SPIE. 10584, Novel Patterning Technologies 2018.

11) M. Hiura et al., SPIE Proceedings Volume 11610, Novel Patterning Technologies 2021; 1161005 (2021).

12) N. Roy et al., Proceedings Volume 11610, Novel Patterning Technologies 2021; 1161005 (2021).

13) A. Kimura et al., Proceedings Volume 11324, Novel Patterning Technologies for Semiconductors, MEMS/NEMS and MOEMS 2020; 113240B (2020).

14) N. Maruyama et al., Proceedings Volume 12497, Novel Patterning Technologies 2023; 124970D (2023).

15) H. Torii et al., SPIE Proceedings Volume 12054, Novel Patterning Technologies 2022; 1205403 (2022).

16) Koji Ichimura, Koji Yoshida, Hideki Cho, Ryugo Hikichi, Masaaki Kurihara, Proceedings Volume 12293, Photomask Technology 2022; 122930F (2022).

17) Takaharu Nagai, Hisayoshi Watanabe, Koji Ichimura, Proceedings Volume PC12497, Novel Patterning Technologies 2023; PC124970 (2023).

18) S. Ishida et al., SPIE Proceedings Volume 12495, DTCO and Computational Patterning II; 124950N (2023).

19) S. Aihara et al., to be published in SPIE Advanced Lithography and Patterning 2024.

20) M. Chandhok et al., Journal of Vacuum Science & Technology B: Microelectronics and Nanometer Structures Processing, Measurement, and Phenomena 26, 2265 (2008).

21) S. Ishida et al., SPIE Proceedings Volume 12495, DTCO and Computational Patterning II; 124950N (2023).

22) M. Ogusu et al., to be published in SPIE Advanced Lithography and Patterning 2024.

23) Chao et al., Emerging Lithographic Technologies XII, edited by Frank M. Schellenberg, Proc. of SPIE Vol. 6921, 69210C, (2008)

24) Takeuchi et al., SPIE Proceedings Volume 12497, Novel Patterning Technologies 2023; 124970E (2023).

25) T.Ifuku et al., SPIE Proceedings Volume 12956, Novel Patterning Technologies 2024; 1295603 (2024).

26) Y.Yamakawa et al. SPIE Proceedings Volume 132161, Photomask Technology 2024; 132161I (2024)

27) T.Komaki et al. SPIE Proceedings Volume 11327, Optical Microlithography XXXIII; 113270Y (2020)

第2章

ナノインプリント・リソグラフィ技術における構造形成プロセス・シミュレーションおよび装置の開発と実用化

第2章 ナノインプリント・リソグラフィ技術における構造形成プロセス・シミュレーションおよび装置の開発と実用化

第1節 UVナノインプリントリソグラフィを導入したシリコンフォトニクスプロセス

東京科学大学　雨宮　智宏・永松　周・西山　伸彦
東京応化工業株式会社　森　莉紗子・藤井　恭・浅井　隆宏・塩田　大
産業技術総合研究所　渥美　裕樹

はじめに

　ナノインプリントリソグラフィ（NIL）は、半導体における次世代リソグラフィ技術の一つとして期待されており、特にUV-NILは実用的な量産技術として導入実績がある。そのような中、シリコンフォトニクスに代表される集積フォトニクス分野では、最先端電子デバイスレベルの解像度を必要としないことから、UV-NILの大面積転写性や高スループット性を大いに活かすことができ、コストの観点からも優位性があると考えられる。当グループでは、シリコンフォトニクスプロセスに合わせたNIL用の光硬化性樹脂の開発を行うとともに、SmartNIL技術に基づいたロールオンプロセスの最適化を実施することで、従来のCMOSプロセスラインや電子線描画を用いて作られた光導波路と同程度の性能を得ることに成功している。本章では、その詳細について述べる。

1. NILと各種露光技術の比較

　NILは、ナノスケールのスタンプを用いた押印技術であり、従来の露光法と違って露光波長に解像度が依存しないことや、大面積転写性や高スループット性などを有していることから、半導体における次世代リソグラフィ技術の一つとして期待されている[1-3]。特にソフトUV-NIL[4]は、半導体製造環境との互換性を担保しつつ、半永久的な機能層を大面積かつ高解像度でパターニングできることから、近年、拡張現実（ARグラス）や生物医学診断（DNAシーケンサー）[5,6]、メタマテリアルやメタサーフェスなどのウェハ光学素子[7]などの新たなアプリケーションに対する実用的な量産技術として導入実績がある（図1参照）。そのような中で、半導体の製造技術を用いてウェハ上に大規模な光回路を構築する集積フォトニクス分野でも、NILを導入できる可能性がある。

　図2は代表的な露光技術である「投影露光方式（Projection Exposure）」「電子線露光方式（Electron beam）」「ナノインプリント方式（Nanoimprinting）」の性能指数をまとめたものである。ここで、横軸はwph/costで表されるスループット性能、縦軸は露光解像度を表しており、右下ほど性能が高い技術となる。

　まず、投影露光方式の代表格であるArFリソグラフィは、波長193 nmのArFエキシマレーザを光源とし、レンズ開口数（NA）1.35の液浸露光系を用いることで、ラインアンドスペース（L/S）のハーフピッチで40 nm程度のパターン形成能力を有する。これらは、SADP（Self-Aligned Double Patterning）やSAQP（Self-Aligned Quadruple Patterning）と呼ばれる成膜技術やエッチング技術を活用することで、さらなる微細化（SADP：hp約20 nm、SAQP：hp約10 nm）が可能であり、電子デバイス・光デバイスの製造に広く用いられている。

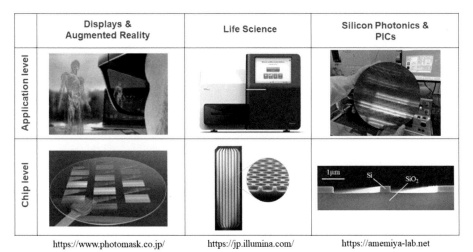

図1　NILの応用先技術（左：ARグラス、中央：DNAシーケンサー、右：集積フォトニクス）

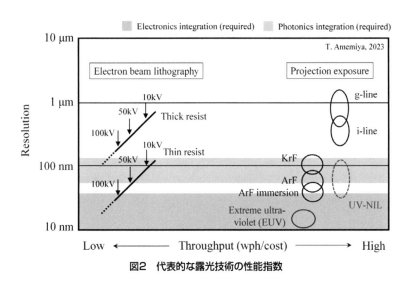

図2　代表的な露光技術の性能指数

　また、最先端半導体の製造工程に導入されている極端紫外光（EUV）リソグラフィは、波長13.5 nmのEUV光（軟X線）を光源とし、0.33 NAの光学デバイスを有する縮小投影露光系を用いることで、L/Sのハーフピッチで14 nmのパターニングが可能となっている。EUVLの主な課題は、光源出力の向上により生産スループットを高めることであり、現在までに、90 W電源の場合で200 wphの性能が報告されている。

　次に、研究用途に広く用いられている電子線露光方式は、電子線を使用してレジストに直接パターンを書き込むことで他の露光技術に比べて高い解像度（＜5 nm）と位置合わせ精度（＜10 nm）を実現できるが、装置の原理上、スループットは業界標準より大幅に遅くなる。その解決策として、マルチビーム描画技術なども導入されつつあるが、生産レベルのスループットという観点では、ArFリソグラフィ、EUVリソグラフィには遠く及ばない。

そのような中、ナノインプリント方式は高価な光源や複雑なレンズ投影系が不要であり、より安価に微細加工を可能とすることから、各種露光技術の代替として期待されている（図3参照）。しかしながら、図2の青帯域で示すとおり、微細化要求が激しい電子デバイス分野（半導体製造分野）においては、依然、ArFリソグラフィ（ダブルパターンニング使用）やEUVリソグラフィが業界のスタンダードであることは間違いなく、NILがその代替技術として取って代わることは容易ではない。その一方で、半導体の製造技術を用いてウェハ上に大規模な光回路を構築する集積フォトニクス分野では、NILが活躍できる余地が残されている。集積フォトニクス分野において特に高い解像度が必要とされる場面は、DFB（分布帰還型）レーザーにおける回折格子の形成、光回路の入出力に使用するグレーティングカプラの形成、シリコンフォトニクス光回路における導波路の形成などであり、いずれも100 nm程度の解像度が保証されていれば十分といえる（図2の赤帯域を参照のこと）。そのため、上記プロセス工程では、NILの大面積転写性や高スループット性を大いに活かすことができ、かつコストの観点からも優位性があると考えられる。

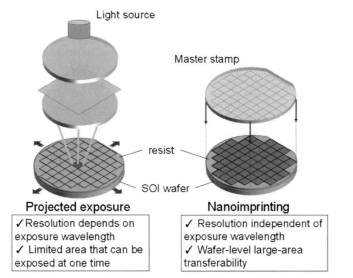

図3　投影露光方式とナノインプリント方式の違い：高価な光源や複雑なレンズ投影系が不要

2. UV-NILを用いた大面積集積フォトニクスプロセスの開発

実際に、シリコンフォトニクス[8, 9)]における製造の一工程としてUV-NILを導入する際には、それに適した光硬化性樹脂が必要となる。本研究では、東京科学大学内に設立した東京応化工業未来創造協働研究拠点において、シリコンフォトニクスプロセスと親和性のあるNIL用の光硬化性樹脂の開発を行った。

今回開発した、シリコンフォトニクスプロセスに適した光硬化性樹脂を図4に示す。成分a, bは、Si-O-Si結合、2重結合とカーボン比率を上げることによる化学的エッチング耐性の向上を目的としており、これに、光重合開始剤（成分c）、基板への密着を促進する添加剤やモールド表面からの離型を促進する添加剤（成分d）などを含んでいる。開発した光硬化性樹脂は、シリコンフォトニクスプロセスに必須となる以下3つの特徴を有している。

図4　開発した光硬化性樹脂

2.1　SF_6-C_4F_8混合ガスによるエッチング耐性

　標準的なシリコンフォトニクスプロセスでは、シリコン導波路構造を形成するために、SF_6-C_4F_8混合ガスによる擬似的なボッシュプロセスを用いて、膜厚200-300 nmのシリコン層をエッチングする。そのためこのプロセスで用いる光硬化性樹脂には、SF_6プラズマに対する高いエッチング耐性が要求されるとともに、併せて、SF_6-C_4F_8混合ガスによる変質性も極力抑えることが求められる。

2.2　O_2アッシングによる除去性

一般的なUV-NILで用いられる光硬化性樹脂は、主にフッ酸溶液処理により除去できるようデザインされている。しかしシリコンフォトニクスでは、下部クラッド材としてSiO_2を用いていることから、エッチング後の除去プロセスとしてフッ酸溶液処理は適当ではない。そのため、有機溶剤処理もしくはO_2プラズマアッシングで除去できることが必須となる。

2.3　ワーキングスタンプ剤との親和性

　光硬化性樹脂には、スタンプモールド表面からの適切な離型が可能なデザインが必須となる。併せて、NILプロセス時に均一にUV照射を行う目的から、光硬化性樹脂の屈折率はスタンプモールドの屈折率と近いことが望ましい。今回は、ナノインプリント装置として世界シェアトップのEVGの装置を採用しており、シリカ系モノマーのEVG NIL UV/AS5をスタンプモールドとして用いている。そのため、光硬化性樹脂もそれに合わせた設計となっている。

3.　UV-NILを用いた大面積集積フォトニクスプロセスの開発

　図5に開発した光硬化性樹脂を用いたUV-NILによるシリコンフォトニクスプロセスを示す。本研究におけるインプリント工程は、EVG620 NT UV-NIL装置（EV Group, St. Florian am Inn, Austria）を用いたSmartNIL技術に基づいている。これは、透明なフレキシブルポリマーのワーキングスタンプを使用して、ウェハレベルでUV-NILを行う技術である。開発したプロセスは、「NIL工程」（図5a）と「光回路形成工程」（図5b）の二つのフローに分かれている。

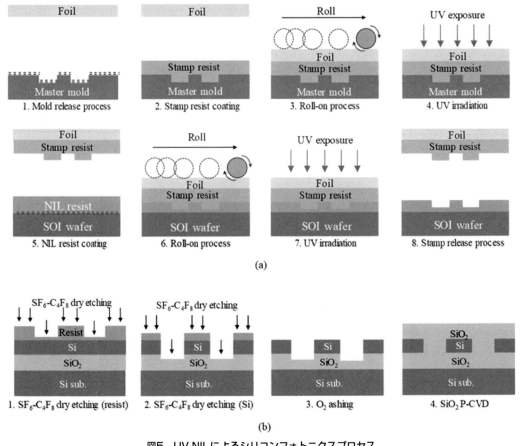

図5 UV-NILによるシリコンフォトニクスプロセス
(a) NIL工程 (b) 光回路形成工程

3.1 NIL工程

- 工程A：光回路パターンが形成されたシリコンマスタースタンプに、離型剤およびワーキングスタンプ剤（EVG NIL UV/AS5）を塗布（図5aの1, 2）
- 工程B：上部からポリエチレンテレフタラートのフレキシブルバックプレーンを押し当てて、紫外線硬化させた後に離型（図5aの3, 4）
- 工程C：SOI（Silicon on Insulator）ウェハに密着材および開発した光硬化性樹脂をスピンコートした後、先ほど作製したワーキングスタンプを押印（図5aの5, 6）
- 工程D：UV照射を行った後、ワーキングスタンプを脱離させ、NILによって光回路パターンを形成（図5aの7, 8）

このとき、光硬化性樹脂の残膜制御は極めて重要であり、その後のエッチングによって形成される導波路の垂直性に多大な影響を及ぼす。本プロセスでは、光硬化性樹脂の膜厚および充填率、回路レイアウトなどを最適化することで、膜厚20 nm以下の残膜制御が可能となっている（図6a）。

3.2 光回路形成工程

- 工程A：SF_6-C_4F_8混合ガスによるドライエッチングにより光硬化性樹脂の残膜除去（図5bの1）
- 工程B：連続してSF_6-C_4F_8混合ガスによるドライエッチングにより、シリコン層をエッチング（図5bの2）
- 工程C：O_2アッシング処理により、マスクとして用いた光硬化性樹脂を除去（図5bの3）
- 工程D：プラズマCVDにより、上部クラッドとしてSiO_2を堆積（図5bの4）

NILによるパターン形成後は、光硬化性樹脂の除去にO_2プラズマアッシングを用いる点を除いて、標準的なシリコンフォトニクスプロセスと同一である。エッチング工程では、十分な垂直性を維持したまま、標準的なシリコン導波路パターンを形成可能であるとともに（図6b）、O_2プラズマアッシングによってエッチング後の残留樹脂を除去できていることが分かる（図6c）。

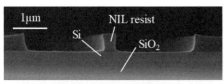

(a) After NIL patterning

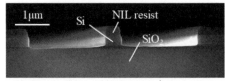

(b) After etching with SF_6-C_4F_8 mixture gas

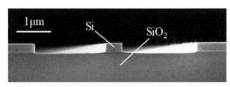

(c) After O_2 plasma ashing

図6　各工程における走査電子顕微鏡画像
（a）NILパターン形成後　（b）SF_6-C_4F_8エッチング後　（c）O_2プラズマアッシング後

4. 開発プロセスで作製したシリコン導波路の伝搬特性

図7に今回開発したプロセスで作製したシリコン導波路の損失測定の結果を示す。長さの異なる導波路の透過強度の傾きより単位長さ当たりの導波路損失を求めたところ、1.59 dB/cmとなった。これは、従来のArFリソグラフィを使用する90 nm CMOS試作ラインや電子線描画を用いて作製されたシリコン導波路と遜色ない値であり、NILによって十分な性能を持つ光回路が形成可能であることを示唆している。

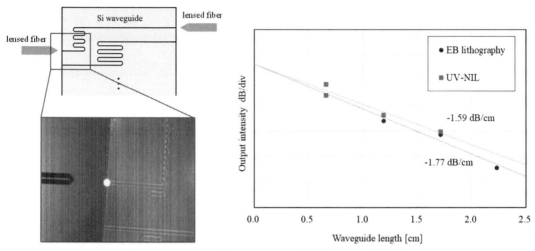

図7 NILによって形成されたシリコン導波路における伝搬特性

おわりに

　シリコンフォトニクスは、高速、高帯域、低エネルギーであることから、将来のデータセンターとデータ伝送のボトルネックを解決するための重要な技術の1つと見なされている。そのような中、EUVなどの超高解像露光技術を必要とする先端電子デバイス・集積回路分野と比較すると、フォトニクス分野では露光プロセスにそれほど高い解像度を必要としないため、NILの大面積転写性や高スループット性を大いに活かすことができる可能性がある。本技術により、シリコンフォトニクスを扱っている各ファウンドリの標準プロセスラインへのNIL導入が期待されるとともに、光電融合も見据えたシリコンフォトニクス分野拡大に貢献できると思われる。

参考文献

1）M. Colburn, S. C. Johnson, M. D. Stewart, S. Damle, T. C. Bailey, B. Choi, M. Wedlake, T. B. Michaelson, S. V. Sreenivasan, J. G. Ekerdt, C. G. Willson, "Step and flash imprint lithography: a new approach to high-resolution patterning," *Proc. SPIE* 3676, 379 (1999).

2）H. Schift, "Nanoimprint lithography: An old story in modern times? A review," *J. Vac. Sci. Technol.* B 26, 458 (2008).

3）M. Eibelhuber, T. Uhrmann, T. Glinsner, P. Lindner, "Nanoimprint Lithography enables cost effective photonics production," *Photonics Spectra* 49, 34 (2015).

4）T. Glinsner, U. Plachetka, T. Matthias, M. Wimplinger, P. Lindner, "Soft UV-Based Nanoim-Print Lithography for Large-Area Imprinting Applications," *Proc. SPIE* 6517, 651718 (2007).

5) C. Thanner, A. Dudus, D. Treiblmayr, G. Berger, M. Chouiki, S. Martens, M. Jurisch, J. Hartbaum, M. Eibelhuber, "Nanoimprint lithography for augmented reality waveguide manufacturing," *Proc. SPIE* 11310, 1131010 (2020).

6) B. Dielacher, M. Eibelhuber, T. Uhrmann, "High-volume processes for next-generation biotechnology devices," *Solid State Technol.* 59, 11 (2016).

7) M. Kast, "High Precision Wafer level optics Fabrication and Integration," *Photonics Spectra* 44, 34 (2010).

8) https://www.aimphotonics.com/

9) https://www.advmf.com/

第2章　ナノインプリント・リソグラフィ技術における構造形成プロセス・シミュレーションおよび装置の開発と実用化

第2節　UVナノインプリントリソグラフィ充填プロセスの分子動力学シミュレーション

東京理科大学　安藤　格士

はじめに

　ナノインプリントリソグラフィ（Nanoimprint lithography：NIL）技術のさらなる発展のためには、そのプロセスの根底にある物理的・化学的メカニズムを理解することが必要である。計算機シミュレーションによるNILプロセスの解析は、実験のみでは得られない、気づくことができなかった情報を私たちに与え、洞察を深める強力なツールとなる。平井らは、レジストを連続体として扱うシミュレーションを用いて、熱硬化型NIL（T-NIL）における高分子ポリマーの変形プロセスを解析し、シミュレーションと実験の結果に基づき、幅100 nm、高さ860 nmのパターンを作製することに成功している[1]。また、同グループは連続体力学に基づき、レジストの充填やUV硬化レジストの機械的特性や収縮など、紫外線硬化型NIL（UV-NIL）プロセスについても幅広く研究をしている[2]。Amirsadeghiは、有限要素法を用いた数値モデリング研究を行い、UV-NILの成功は、架橋剤の最適濃度の選択に大きく依存することを報告している[3]。これらの連続体ベースのシミュレーション研究により、100 nm程の解像度を持つNILに関する深い洞察が得られている。しかし、NILのパターン解像度が10 nm以下であれば、その構造体の機械的特性はレジストの分子的な特徴に強く影響されることが予想される。ゆえに、この微細な空間領域における数値計算解析では、連続体でのシミュレーションではなく、分子をあらわに扱う分子動力学（Molecular dynamics：MD）を用いることが適当と考えられる。多賀ら[4]と安田ら[5]は、T-NILプロセスにおいて、ポリメチルメタクリレート（PMMA）レジストを金型のキャビティに充填するのに必要な圧力に関し、MDシミュレーションを用いて解析している。この研究では、連続体力学のシミュレーションでは見ることのできなかったNILプロセスに対するポリマーサイズの効果が示された。Kimらは、PMMAポリマーのサイズがモールドへの充填挙動に及ぼす影響を調べるためにMDシミュレーションを行い、PMMAの回転半径が適切なパターンサイズを選択するための指標になり得ることを示した[6]。熱硬化型レジストポリマーの分子レベルの変形挙動を研究するために、ナノスケールの凹凸をポリマーに押し付けるMDシミュレーションもいくつか報告されている[7-9]。また、T-NILプロセスにおけるモールドとPMMAポリマーの接着に関しても、MDシミュレーションによる解析が行われている[10-12]。

　この節では、MDシミュレーション法の簡単な説明とともに、私たちがこれまでに行ってきたUV-NIL充填プロセスのMDシミュレーション解析結果を紹介する。

1. 分子動力学シミュレーションとは

1.1 分子動力学シミュレーションの概要

　分子動力学法は、物質や分子系を構成する各原子に対して、古典力学であるニュートンの運動方程式をコンピュータで数値的に解き、原子の位置、速度、系のエネルギーなどの時間変化を追跡する分子シミュレーション法の一つである[13]。MD計算で解析可能な空間スケールはおおよそ10〜100 nm、原子数であれば10^6以下程であり、時間スケールはns〜μs程度である。現在のCPUの演算速度は速く、また、GPUを利用した非常に高速なMDシミュレーションも広く行われている。そのため、前述の系のMDシミュレーションは、スーパーコンピュータではなく、研究室に置くことができるワークステーションレベルの計算機でも実施可能となっている。MDシミュレーションでは、密度、内部エネルギー、比熱、動径分布関数、誘電率などの静的性質を表す物理量や、拡散係数、熱伝導度、粘性係数などの動的性質を表す物理量を算出することができる。分子の拡散係数や動径分布関数は、連続体力学を基礎としたシミュレーションでは得られない情報である。また、密度、誘電率、熱伝導度、粘性係数などはMDシミュレーションでは計算の結果得られる物理量であるが、連続体の計算においてはこれら物理量が入力のパラメータとなることに注意していただきたい。

1.2 運動方程式の数値解法と原子間ポテンシャル関数

　MDシミュレーションは、計算対象とする物質系の全原子に対し、ニュートンの運動方程式$\mathbf{F} = m\mathbf{a}$（$\mathbf{F}$：原子にかかる力；m：原子の質量；$\mathbf{a}$：加速度）を数値的に解く。現在の時刻tにおける原子の位置$\mathbf{r}(t)$と速度$\mathbf{v}(t)$を、原子にかかる力$\mathbf{F}(t)$に応じ、微小な時間Δtだけ未来へと進めた$\mathbf{r}(t+\Delta t)$と$\mathbf{v}(t+\Delta t)$を計算するということを繰り返し行う。タイムステップΔtであるが、有機分子の結合長の伸縮運動が10 fs（fs:フェムト秒。10^{-15}秒）程の短い周期運動であり、これをシミュレーションで再現するため、Δtは1 fs程に設定する必要がある。この短いタイムステップの使用が長時間MD計算を難しくする一つの要因である。

　原子にかかる力$\mathbf{F}$は、その原子が関わるポテンシャルエネルギーUを位置$\mathbf{r}$で微分することで得られる。すなわち、$\mathbf{F} = -dU/d\mathbf{r}$である。したがって、ポテンシャルエネルギーが微分可能な形で定義され、原子の初期位置、初速度、質量が与えられれば、ニュートンの運動方程式を数値計算できることになる。有機分子系で広く使われている原子間ポテンシャル関数を図1に示した。

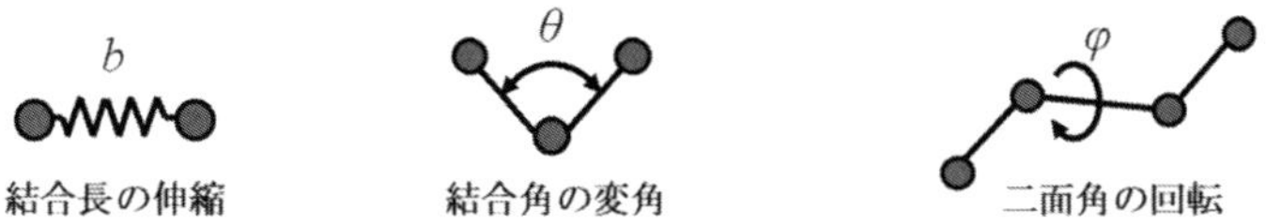

第2章 ナノインプリント・リソグラフィ技術における構造形成プロセス・シミュレーションおよび装置の開発と実用化

$$U = \sum_{\substack{bonds}} K_b (b - b_0)^2 + \sum_{\substack{angles}} K_\theta (\theta - \theta_0)^2 + \sum_{\substack{dihedrals}} K_\varphi \left[1 + \cos(n\varphi - \gamma) \right]$$

$$+ \sum_{\substack{van\ der\ Waals \\ i,j\ pairs}} \varepsilon_{ij} \left[\left(\frac{r_{0,ij}}{r_{ij}} \right)^{12} - 2 \left(\frac{r_{0,ij}}{r_{ij}} \right)^6 \right] + \sum_{\substack{electrostatic \\ i,j\ pairs}} \frac{q_i q_j}{4\pi\varepsilon_0 r_{ij}}$$

図1 分子動力学シミュレーションで利用されるポテンシャルエネルギー関数の例

第1項は、共有結合をしている2つの原子間の共有結合長bに関わるエネルギーであり、K_b, b_0が共有結合を形成する原子ペアの種類に応じたパラメータである。第2項は、共有結合でつながる3つの原子でつくられた共有結合角θに関するエネルギーであり、K_θ, θ_0が共有結合角を形成する原子の種類に応じたパラメータである。第3項は、共有結合でつながる4つの原子でつくられた二面角φに関するエネルギーであり、K_φ, n, γが二面角を形成する原子の種類に応じたパラメータである。第4項は原子間のファンデルワールス相互作用を表し、特に-6乗の引力項と-12乗の反発項の2つからなる関数をレナード・ジョーンズポテンシャルと呼ぶ。ここで、r_{ij}は原子i, j間の距離、ε_{ij}, $r_{0,ij}$は、それぞれ、i, j原子ペアの種類に応じたエネルギーの強さ、平衡状態での原子間距離を表すパラメータである。最後の第5項は原子間の静電相互作用を表すクーロンポテンシャルであり、q_i, q_jは、それぞれ、原子iとjの電荷、ε_0は真空の誘電率である。

　図1内の式で示したように、原子間ポテンシャルの計算には多くのパラメータが必要である。ポテンシャルエネルギーを記述するために用いられるポテンシャル関数、および計算に必要なパラメータをまとめて力場と呼ぶ。力場は、量子力学に起因する複雑な分子間力をMDシミュレーション内で取り扱いやすいようにモデル化したものである。そして、力場パラメータは量子力学計算の結果や実験の結果を上手く再現するよう、数多くのMDシミュレーションを行いながら試行錯誤的に決定されることが一般的である。それゆえに"経験的ポテンシャル"とも呼ばれる。本節で説明したように、MDシミュレーションでは個々の原子の運動を経験的ポテンシャルと古典的なニュートンの運動方程式で扱う。このため、MD法では電子の動き、分布の変化が直接的に関わる化学結合の切断・形成を計算することはできないことに注意していただきたい。例えば、UV硬化樹脂のラジカル重合の様子をMDシミュレーションで直積的に再現することは難しい。

2. UV-NILの圧縮プロセスのMDシミュレーション

　我々は、前述のMD法を用いて、様々なUV硬化レジストに対して数ナノメートル幅のトレンチが充填されていく過程をシミュレーションし、充填の成功を左右させる分子の特性を明らかにすることを試みてきた[14,15]。以降では、本研究の重要なポイントを紹介する。詳細に関しては我々の論文[14,15]を参照していただきたい。

2.1 計算モデル
2.1.1 レジスト分子モデル

我々は、以下に記した5種類の分子の組み合わせからなる4種類のレジスト材料を検討した：N-ビニル-2-ピロリドン（NVP）；1,6-ヘキサンジオールジアクリレート（HDDA）；トリ（プロピレングリコール）ジアクリレート（TPGDA）；トリメチロールプロパントリアクリレート（TMPTA）；2,2-ジメトキシ-2-フェニルアセトフェノン（DMPA）。図2には、これら5つの分子の構造を示した。NVP、HDDA、TPGDA、およびTMPTAはビニル基またはアクリロイル基を有するUV硬化性モノマーであり、DMPAは重合開始剤である。表1には我々が検討した4種類のレジストの組成と実験的に測定された粘度を示した。

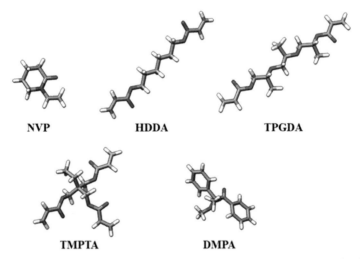

図2 MD計算で使用したレジストを構成する4種類のUV硬化モノマー分子と重合開始剤
N-vinyl-2-pyrrolidone (NVP); 1,6-Hexanediol diacrylate (HDDA);
Tri(propylene glycol) diacrylate (TPGDA); Trimethylolpropane triacrylate (TMPTA);
2,2-Dimethoxy-2-phenylacetophenone (DMPA).
前者4つの分子がUV硬化を起こすモノマー。NVPは1つのビニル基、HDDAとTPGDAは鎖状分子で両末端にアクリロイル基、TMPTAは3つのアクリロイル基を持ち、これら官能基間でラジカル重合を起こす。DMPAは重合開始剤。

表1 MDシミュレーションで検討した4種類のレジストの組成と実験的に測定された粘度（η）

レジスト	組成*	η [mPa·s]
レジストI	96% HDDA（1,020）, 4% DMPA（36）	4
レジストII[#]	10% TMPTA（82）, 57% TPGDA（448） 29% NVP（622）, 4% DMPA（38）	8
レジストIII	96% TPGDA（816）, 4% DMPA（34）	10
レジストIV	96% TMPTA（804）, 4% DMPA（38）	95

＊組成は重量パーセント濃度で示し、カッコ内の数値は計算系での分子数を表す
＃参考文献[16]

レジスト分子の力場パラメータにはGeneral Amber Force Field（GAFF）を採用し[17]、各原子の電荷は半経験的分子軌道法に基づき計算されるAM1-BCC電荷を用いた[18,19]。

2.1.2 レジスト充填の計算モデル

図3にレジスト充填シミュレーションの概略図を示した。モールドと基板は、格子定数5.43 Åのシリコン原子（Si）のダイヤモンド基本セルで作製し、その力場にはUFF[20]、及び文献[21]のパラメータを用いた。トレンチ幅（Δ）は2 nmと3 nmの2つを検討した。x-y平面上に置かれた基板の上にレジストを置き、その上部にモールドを配置、298 Kの室温において、xとy方向の長さは固定したままz方向下向きに100 barの圧力をかけるMDシミュレーションを行い、レジストの充填過程を模倣した。その他計算条件の詳細は論文[14,15]を参考にしていただきたい。

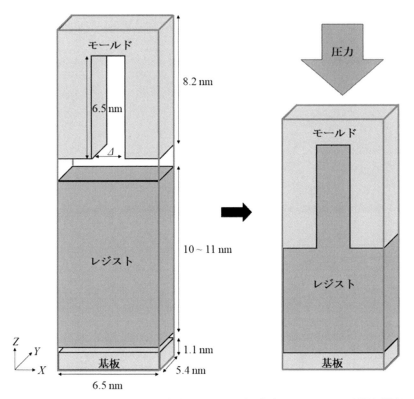

図3　レジスト充填シミュレーションの概略図。トレンチ幅（Δ）は2, 3 nmの2種類を検討した

2.2 MDシミュレーションの結果と考察

2.2.1 モデルレジストの粘性

まず、各レジストの計算モデルの粘性が、実験をどれほど再現するのかを調べた。原理的にはMDシミュレーションを用いてレジストの粘性を直接的に算出することが可能である。しかしながら、粘性の計算、特に粘性の高い物質では、値を収束させるために非常に長い計算が必要となる。そこで今

回は、粒子の拡散係数は周囲の流体の粘性に反比例するというストークス-アインシュタインの関係式を利用し、間接的にレジスト間の相対粘性を見積もることとした。表2には、各レジストにおけるDMPA分子の拡散係数（D）、レジストIにおけるDとの比率の逆数（$D_{resist I}/D$）、および実験で求められた粘性のレジストIとの比率（$\eta/\eta_{resist I}$）を示した。レジストIIIにおいては、$D_{resist I}/D$と$\eta/\eta_{resist I}$に10倍ほどの差が見られるものの、レジストII, IVでは両者の値がおおよそ一致している。この結果は、本MD計算モデルにおいても、レジスト間の粘性の相対関係はおおよそ実験を再現できていると考えられる。

なお、4種類のレジストモデルとシリコン原子で作られたモデル基板との接触角もMDシミュレーションで見積もっており、どのレジストも100～130°の範囲にあった[15]。

表2 MDシミュレーションで求められた4種類のレジストモデルにおけるDMPAの拡散係数（D）、レジストIにおけるDとの比率の逆数（$D_{resist I}/D$）、および実験で求められた粘性（η）のレジストIとの比率（$\eta/\eta_{resist I}$）

レジスト	D [10^{-12} m^2/s]	$D_{resist I}/D$	$\eta/\eta_{resist I}$
レジストI	4.79 ± 0.26	1.0	1.0
レジストII	3.32 ± 0.31	1.4	2.0
レジストIII	0.22 ± 0.03	21	2.5
レジストIV	0.13 ± 0.01	36	24

2.2.2 レジスト充填の経時変化

各種MDシミュレーションにおける体積の経時変化、およびその系の最終スナップショットを図4に示した。また、各レジストで充填に要した時間（τ）を表3にまとめた。本MDシミュレーションにおいては、レジストI, II, IIIがΔ = 2, 3 nmのトレンチに充填することが観察された。一方、レジストIVは、0.9 μsのMDシミュレーションの間で系の体積はほぼ一定であり、これ以上計算を進めても充填しないと考えられた。レジストI, II, IIIにおいて、レジストの粘性が高いほど、かつ、トレンチ幅が狭いほど充填に長い時間を要した。このMDシミュレーションの結果はNILにおけるレジスト充填の経験則とも一致する。

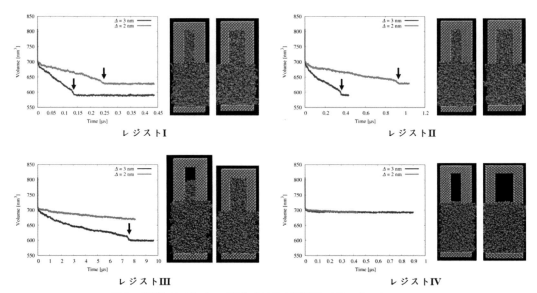

図4 4種類のレジストモデルにおける充填過程のMDシミュレーション

各レジストのMDシミュレーションにおける体積の経時変化のグラフ（赤線：Δ＝2 nm；青線：Δ＝3 nm）、Δ＝2 nmおよびΔ＝3 nmでの計算における最終状態のスナップショットを示した。レジストI, II, IIIのグラフで体積がほぼ一定の値を示し充填が終了した時点を矢印で示した。

表3 各レジストで充填に要した時間（τ）

レジスト	Δ＝3 nm		Δ＝2 nm	
	$\tau\,[\mu s]$	$\tau/\tau_{\text{resist I}}$	$\tau\,[\mu s]$	$\tau/\tau_{\text{resist I}}$
レジストI	0.15	1.0	0.25	1.0
レジストII	0.35	2.3	0.95	3.8
レジストIII	7.8	52	―	―

2.2.3　レジストIIにおけるトレンチ内での分子の分布

　レジストIIは重合開始剤DMPAを除くと、1官能基のNVP、2官能基のTPGDA、3官能基のTMPTAの3種のレジスト分子が混合されており、今回のMDシミュレーションでは2 nm幅のトレンチにも充填することが観察された。一方、レジストIVはレジストIIにも含まれるTMPTAからなるレジストであるが、今回のMDシミュレーションではトレンチへの充填が見られなかった。そこで、レジストIIにおいてトレンチ内にTMPTAが存在するのか、また、各レジスト分子の混合比はバルクの状態と変っていないのかを調べ、その結果を表4に示した。トレンチ内には小さな分子が選択的に充填されるということはなく、バルク状態とほぼ同じ混合比で各分子が存在していることが確認された。また、TMPTAの周辺にはNVPが多く存在しており、TMPTA同士やTPGDAが近づき大きな集合体を形成するというような傾向はみられなかった。それゆえに嵩高いTMPTA分子も2 nm幅のトレンチ内に容易に侵入できたものと考えられる。なお、DMPA分子は、どのレジストにおいても、バルクとほぼ同じ混合比でトレンチ内に存在していた。

表4 レジストIIにおけるトレンチ内、およびバルク中に存在する分子の重量比（%）

レジスト分子	$\Delta=3$ nm	$\Delta=2$ nm	バルク
TMPTA	10.0	10.0	10.0
TPGDA	55.5	56.4	57.0
NVP	31.2	30.8	29.0
DMPA	3.3	2.8	4.0

2.2.4 レジスト分子のコンフォメーション

　各レジスト分子がどのようなコンフォメーションをとり、トレンチ内とバルクの状態でコンフォメーションに差はないのかを調べた。3官能基で分岐構造を持つTMPTAは、バルクと3 nmのトレンチ内でのコンフォメーションに大きな差は見られなかったものの、2 nmのトレンチ内ではよりコンパクトな構造をとりやすいことがわかった。一方、鎖状で両末端に官能基を持つHDDA, TPGDA分子は、バルク状態、2, 3 nmのトレンチ内のそれぞれでコンフォメーションに大きな変化は観察されなかった。しかし、バルク状態とトレンチ内のどちらにおいてもHDDAに比べTPGDAがよりコンパクトなコンフォメーションをとりやすいことが観察された。図5にレジストIのHDDAとレジストII, IIIのTPGDAの末端間距離の分布、およびMDシミュレーションでサンプリングされた両分子の代表的なコンフォメーションを示した。HDDAは末端間距離が13 Å付近に大きなピークを持ち、10 Å以下となるようなコンフォメーションはほとんど存在しておらず、伸びた状態をとりやすいことがわかる。その代表構造を図5(B)に示した。一方、TPGDAは、HDDAと同様に末端間距離が13 Å付近にピークを持つものの、5～10 Åのコンフォメーションも多く存在している。これより、TPGDAはHDDAよりもフレキシブルであり、コンパクトな構造をとりやすいことがわかる。図5(C)には、TPGDAのコンパクトな構造の代表例を示した。HDDAとTPGDAは、末端アクリレート基の間に、それぞれ炭素数6のアルキル鎖とトリプロピレングリコール鎖を持つ。HDDAとTPGDAの鎖の柔軟性の違いは、プロピレングリコールC–O結合周りの回転のエネルギー障壁がアルキル鎖C–C結合周りのそれよりも低いことに起因している[22]。

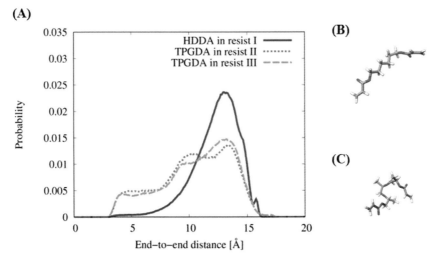

図5 レジストI, II, IIIにおける鎖状分子HDDAとTPGDAの構造的特徴
(A) レジストI, II, IIIにおけるHDDAとTPGDA分子鎖の末端間距離の分布。(B, C) MD計算でサンプリングされたHDDA (B) とTPGDA (C) のコンフォメーションの例。HDDAは伸びた構造、TPGDAは比較的コンパクトな構造が多くサンプリングされた。

2.2.5 官能基間の動径分布関数

UV硬化樹脂は、UV照射によりアクリロイル基、ビニル基がラジカル重合反応を起こし架橋構造を形成、固化する。そのため、官能基同士の距離が短い方が重合反応の効率がよく、自己ではなく他の分子と重合し架橋構造を形成した方がより硬度が高いと予想される。古典的なMD法ではラジカル重合をシミュレーションすることはできないが、個々のレジスト分子の分子構造がわかるため、官能基間の距離を測定し、ラジカル重合の効率に関する何らかの予想を立てることは可能かもしれない。レジストI, II, IIIにおける自己分子内も含む官能基間の動径分布関数を図6(A)に、自己分子内を除いた官能基間の動径分布関数を図6(B)示した。どのレジストにおいても、動径分布関数のピーク距離は4Åであった（図6(A)）。しかし、自己分子内の官能基間距離を動径分布関数の計算から除外すると、動径分布関数の第一ピーク値はHDDAを主成分とするレジストIでは変わらないのに対し、TPGDAを含むレジストII, IIIでは大きく低下していた（図6(B)）。これは、図5で示したように、TPGDAがコンパクトな構造をとり、自己分子の両端の官能基が近距離に存在しやすいという分子の性質が影響したものと考えられる。HossainらはHDDAと組み合わせたウレタンアクリレートオリゴマーを用いて調製した薄膜の硬度が、TPGDAを用いて調製した薄膜の硬度よりも約2倍高いことを報告している[23]。この硬度の違いは、今回のMDシミュレーションの結果に基づき予想すると、レジスト中の自己分子内架橋レベルの違いに起因する可能性がある。

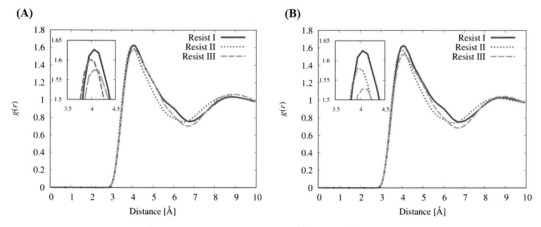

図6 レジストI, II, IIにおけるアクリロイル基／ビニル基間の動径分布関数。
(A) 自己分子内の官能基ペアを含めた動径分布関数 (B) 自己分子内の官能基ペアを除いた動径分布関数

おわりに

今回、4種類のフォトポリマー（HDDA、NPV、TPGDA、TMPTA）と重合開始剤（DMPA）からなる4種類のUVレジストのUV-NIL充填プロセスに関する全原子MDシミュレーションの研究を紹介した。数ナノメートル幅のトレンチにどのようにレジスト分子が充填するのか、その際の分子の構造的特徴の解析など、MDシミュレーションを通して実験のみでは得ることの難しい分子レベルの情報を抽出した。MDシミュレーションの信頼性を上げるためには、力場の精度向上や長時間計算など、様々な改良が必要である。しかしながら、今回の例で示したような計算科学的アプローチから得られる分子レベルの情報が、今後のUV-NILの高精度化と高信頼化に向けた重要なヒントとなる期待している。

謝辞

レジストの粘度測定は東洋合成工業株式会社・大幸武司氏にご協力いただいた。この場を借りて深く御礼申し上げます。

参考文献

1) Y. Hirai, T. Konishi, T. Yoshikawa, and S. Yoshida, *J. Vac. Sci. Technol. B* **22**, 3288-3293 (2004)
2) M. Shibata, A. Horiba, Y. Nagaoka, H. Kawata, M. Yasuda, and Y. Hirai, *J. Vac. Sci. Technol. B* **28**, C6M108-C106M113 (2010)
3) A. Amirsadeghi, J. J. Lee, and S. Park, *Langmuir* **28**, 11546-11554 (2012)
4) A. Taga, M. Yasuda, H. Kawata, and Y. Hirai, *J. Vac. Sci. Technol. B* **28**, C6M68-C66M71 (2010)

5) M. Yasuda, K. Araki, A. Taga, A. Horiba, H. Kawata, and Y. Hirai, *Microelectron. Eng.* **88**, 2188-2191 (2011)

6) S. Kim, D. E. Lee, and W. I. Lee, *Tribol. Lett.* **49**, 421-430 (2013)

7) Y. S. Woo, D. E. Lee, and W. I. Lee, *Tribol. Lett.* **36**, 209-222 (2009)

8) J. Odujole, and S. Desai, *Surfaces* **3**, 649-663 (2020)

9) J. I. Odujole, and S. Desai, *AIP Adv.* **10**, 095102 (2020)

10) J. H. Kang, K. S. Kim, and K. W. Kim, *Appl. Surf. Sci.* **257**, 1562-1572 (2010)

11) S. Kwon, Y. Lee, J. Park, and S. Im, *J. Mech. Sci. Technol.* **25**, 2311-2322 (2011)

12) S. Yang, S. Yu, and M. Cho, *Appl. Surf. Sci.* **301**, 189-198 (2014)

13) M. P. Allen, and D. J. Tildesley, *Computer Simulation of Liquids: Second Edition*, Oxford University Press (2017)

14) H. Uchida, R. Imoto, T. Ando, T. Okabe, and J. Taniguchi, *J Photopolym Sci Tec* **34**, 139-144 (2021)

15) J. Iwata, and T. Ando, *Nanomaterials* **12**, 2554 (2022)

16) J. G. Kloosterboer, *Advances in Polymer Science* **84**, 1-61 (1988)

17) J. Wang, R. M. Wolf, J. W. Caldwell, P. A. Kollman, and D. A. Case, *J. Comput. Chem.* **25**, 1157-1174 (2004)

18) A. Jakalian, B. L. Bush, D. B. Jack, and C. I. Bayly, *J. Comput. Chem.* **21**, 132-146 (2000)

19) A. Jakalian, D. B. Jack, and C. I. Bayly, *J. Comput. Chem.* **23**, 1623-1641 (2002)

20) A. K. Rappe, C. J. Casewit, K. S. Colwell, W. A. Goddard, and W. M. Skiff, *J. Am. Chem. Soc.* **114**, 10024-10035 (1992)

21) G. P. Lithoxoos, J. Samios, and Y. Carissan, *J. Phys. Chem. C* **112**, 16725-16728 (2008)

22) F. Carey, and R. Sundberg, *Advanced Organic Chemistry: Part A: Structure and Mechanisms*, Springer (2007)

23) M. A. Hossain, T. Hasan, M. A. Khan, and K. M. Idriss Ali, *Polym. Plast. Technol. Eng.* **33**, 1-11 (1994)

第2章 ナノインプリント・リソグラフィ技術における構造形成プロセス・シミュレーション および装置の開発と実用化

第3節 半導体製造用ナノインプリントリソグラフィ技術の最新開発状況

キヤノン株式会社　伊藤　俊樹

1. はじめに

　ナノインプリントリソグラフィ (NIL) は、ナノスケール世代の微細加工技術として提案されてきた[1,2]。複数種提案されているインプリント技術のうち、旧Molecular Imprints Inc.より提案された Jet and Flash Imprint Lithography*（JFIL*）は、基板上に低粘度のレジストをインクジェット方式で適量を滴下し、パターニングされたマスクを押印する技術である[3]。

　2014年4月にCanon Inc.は旧Molecular Imprints, Inc.（MII）の半導体部門を買収し、会社名を Canon Nanotechnologies, Inc.（CNT）に変更した。Canon Inc.とCNTは、お互いの会社が持つNIL技術と半導体製造に関する技術を融合させ、開発を加速してきた。CNTでは、JFIL用のレジストに関しても、装置開発と並行して開発を続けている。装置・プロセス技術の進化に呼応して、適合する材料を迅速に開発することで、装置と材料を最適な組み合わせで提供可能である。

　また、ナノインプリント技術はマスクベンダー、エンドユーザーとの緊密な連携のもとに開発され、得られた知見は装置・材料の設計に盛り込まれて基本性能の向上につなげてきた。

　本報告では、次世代のNAND FLASH MemoryやDRAM製造に適用される半導体製造用ナノインプリントシステムを紹介する。

(*JFIL, Jet and Flash Imprint Lithography はMII社 の登録商標です。)

2. JFILプロセスの概要

　図1を用いて、JFILプロセスを説明する。まずウエハの転写領域（ショット）上に、アクリル酸エステルを主成分とする低粘度の液状の光硬化性組成物であるレジストを、インクジェット方式で塗布する。ディスペンサからレジストを吐出しながらウエハステージをスキャン駆動させることで、所望の領域に所望の量のレジスト液滴を配置すること（Drop-On-Demand）が可能である。マスクを降下させ、吐出されたレジスト液滴にマスクを押し当てる。液状のレジストをマスク表面のパターン内部及びマスク－基板間の間隙に行き渡らせるために一定の充填時間が必要となる。充填待機中に並行して基板に対するマスクの位置合わせ（アライメント）動作を行う。レジストを硬化させるためにUV光を照射する。その後、インプリントヘッドを上昇させ、マスクをレジスト硬化膜から引き剥がす離型動作を行う。

　前記のようなプロセスで1ショット分の処理が完了し、マスクのパターンがウエハ上のレジストに転写される。この工程をステップ＆リピートすることにより、ウエハ全面にパターンを形成することが可能である。

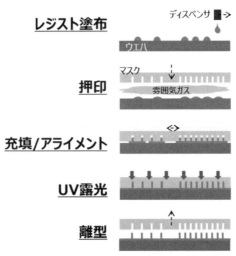

図1　JFILプロセスの概略図

JFIL方式は、ウエハ全面に一括でレジストをスピン塗布する方式に比べ、各ショットのレジスト塗布量を細かく調整できる点において優れている。転写したいパターンの疎密に合わせてレジスト塗布量を調整することで、押印後のレジスト残膜厚、RLT（Residual Layer Thickness）を適切にコントロール可能である。

これまでの研究において、ライン・アンド・スペース（L/S）では11 nm、ピラーアレイでは10 nmの解像力が実証されており（図2）、JFILが複数世代に亘って延命可能な技術であることを実証してきた。

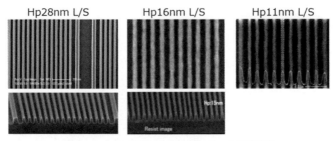

図2　ナノインプリントリソグラフィの解像性能

さらにJFILには微細かつ複雑な形状を有する2Dパターン、多段構造を有する3Dパターンも形成可能であること、といった特徴もある（図3）。

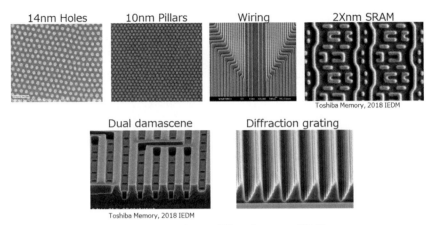

図3 ナノインプリント技術のパターニング性能

また、レジストは必要な場所に必要最少量が配置されるため、無駄なレジスト消費を抑えることができる。さらに、インプリントシステムには複雑な光学系がないことから、装置価格が安く、製造コスト面においても魅力的である。他にも、半導体製造に向けて高解像力を得るための技術開発が進んでいる。

3. ナノインプリント装置の構成

図4に示すナノインプリント装置のシステムは、インプリントヘッドとウエハステージから構成され、照明用、アライメント用、ウエハ観察用の光学系が一体化されている。ウエハを搭載し平面方向にステップ駆動可能なウエハステージ、モールドであるマスクを保持し、ウエハに対向してZ駆動することで押印動作を実現するインプリントヘッド、レジストを吐出するためのディスペンサ、マスクとウエハ上のショットとの直接位置合わせを行うためのアライメントシステム、レジスト硬化用UV光を照射する照明光学系、また、押印状況を観察するためのスプレッドカメラを備える。

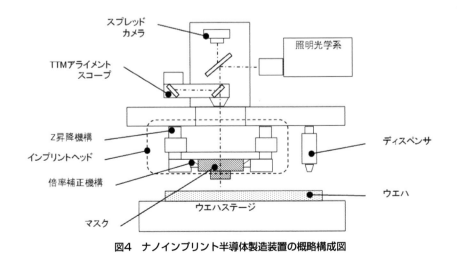

図4 ナノインプリント半導体製造装置の概略構成図

従来リソ工程に用いられていた縮小投影型露光装置(以下、フォトリソ装置と略す)に比べると、複雑な光源・照明光学系・投影光学系を必要としないため、シンプルな構成となっている。ゆえに、装置の設置面積のコンパクト化が容易であり、後述するように、インプリントヘッドを4セット結合させたクラスター型装置を実現した。

4. マスクの構造及び押印方法

マスターマスクは母材を石英基板として、電子線リソグラフィにより作製される。JFILはマスクとレジストが接触するコンタクトリソグラフィであることから、高価なマスクの消耗対策として、デバイス製造工程ではマスターマスクから複製されたレプリカマスクを用いる。マスクの複製にもJFILが適用される。キヤノンはレプリカマスク製造用のマスクレプリカ装置FPA-1100NR2を開発した。マスク製造工程とマスクレプリカ装置を図5に示す。

図5　マスク製造工程

レプリカマスクの基材には図6に示す152 mm角、6.35 mm厚の石英基板(通称6025基板)を用いる。6025基板はフォトリソ装置用のフォトマスク(レチクル)の母材として汎用されているため、レプリカマスク製造に必要な成膜装置やドライエッチング装置などプロセス機器は既存のフォトマスク製造インフラから転用することができる。6025基板の中央部に26×33 mmのメサ部を設け、メサ部にインプリントパターンが形成される。メサ部の裏側は円形に抉られている。この円形領域をコアアウト部と称する。

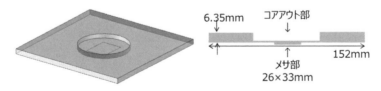

図6　マスクの構造　左：俯瞰図、右：断面図

コアアウト構造とメサ構造を有するレプリカマスクの押印方法を図7に示す。

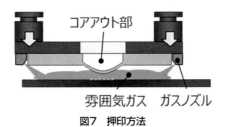

図7 押印方法

　レプリカマスクはメサ部を下にしてインプリントヘッドに装着される。コアアウト部は密閉されて空気圧力が印加され、メサ部が下に凸の形状でたわむ。この状態でインプリントヘッドを降下させると、たわんだメサ部が中央部からレジスト塗布基板に接触して押印が開始される。さらにインプリントヘッドを降下させるとメサ部の中央から端部に向けて順次、押印が進行するため、不要な雰囲気ガスの巻き込みを避けることができる。

5. レジストの開発

　Canon Inc.では同社の装置に適合し、その性能を遺憾なく発揮させるためのレジストとプロセスを独自に開発している。従来のJFIL[3]はレジストドロップが互いに独立した状態でモールドを押印していたため、ドロップ間に大量の気体を巻き込み、後述の未充填欠陥を発生していた。未充填欠陥を低減するため、レジストドロップの流動制御技術を開発し、モールド押印前にドロップ同士を結合させておく技術、Combined drop JFIL（CD-JFIL）を開発した（図8）[4]。

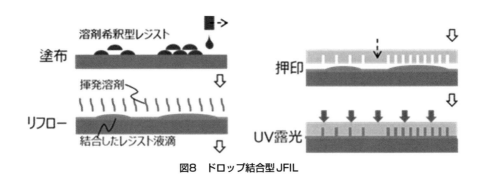

図8　ドロップ結合型JFIL

　着弾したドロップの拡がり挙動の理論計算結果を図9に示す。CD-JFILでは0.3秒でドロップ同士が結合をはじめ、4秒後に揮発完了とほぼ同時に完全に連続的な液膜が形成された。従来のJFILレジストシステムでは600秒間経過してもドロップは結合しなかった。

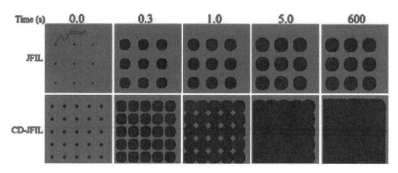

図9 ドロップ拡がり挙動の理論計算

　理論計算ではドロップ高さも計算される。ディスペンスから112秒後のドロップの断面形状を図10に示す。JFILでは依然としてドロップは独立して200 nm高さを有するのに対して、CD-JFILではドロップは連続液膜になってその高さは約50 nmであった。言い換えれば、マスクとレジストが接触する瞬間のマスク基板間ギャップは200 nmと約50 nmである。この結果は、CD-JFILでマスク基板間に巻き込まれる気体の総体積はJFILよりも小さい、ということになる。

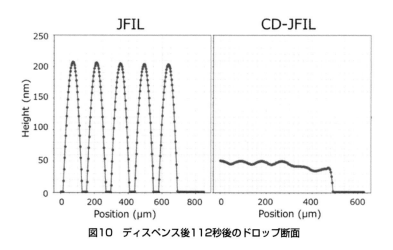

図10 ディスペンス後112秒後のドロップ断面

　インクジェット装置上で観察したCD-JFILレジストのドロップの拡がり挙動を図11に示す。理論計算と概ね一致し、約5秒で液膜の結合が完了し、約30秒で液膜が平坦になっていた。

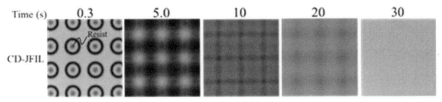

図11　ドロップ拡がり挙動の観察実験

　溶剤の揮発完了後に石英製ブランクモールドを押印し、押印後0.7秒後にモールド越しにレジスト液膜を顕微鏡で観察した（図12）。従来のJFILレジストシステムではドロップ間に雰囲気気体が巻き込まれたままほとんど消失していないのに対し、CD-JFILではほぼゼロとなった。

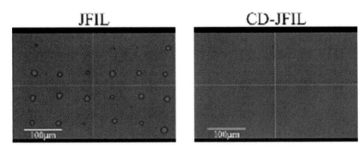

図12　巻き込まれた気泡

　26×33mmのインプリント領域において、各押印時間における気泡の数を欠陥検査装置で計測した結果を図13に示す。

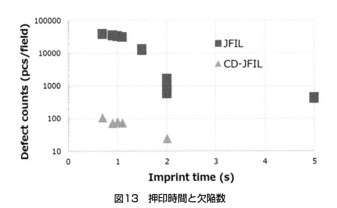

図13　押印時間と欠陥数

　従来のJFILでは押印時間0.7秒で数万個存在したが、巻き込まれた雰囲気気体ヘリウムが徐々に石英に拡散して気泡が徐々に消失し、5秒で数百個となった。一方、CD-JFILでは押印時間0.7秒で既に気泡の数は百個未満であった。

6. ナノインプリントリソグラフィの性能

　高精細かつ複雑なパターンを忠実に再現できる点において他のフォトリソグラフィに比べてJFILは優位である。一方、従来のフォトリソグラフィ装置になかった新たな性能課題を解決する必要がある。主要な課題は欠陥、パーティクル、オーバーレイ、スループットであり、これらを「四大課題」と称して性能指標を定量的に設定した上で対策に取り組んできた。本項では各課題の現状と改善経緯を詳述する。

6.1　欠陥（Defectivity）

　JFILではマスクとレジストの接触に伴ってパターンが欠落するなどの欠陥が発生する。欠陥はデバイスの動作不良を引き起こす、つまり製造歩留まりを下げることとなるため、極力低減する必要がある。JFILで発生する欠陥について、図14のように発生の原因ごとに分類して、その対策を説明する。図14中の異物欠陥への対策はパーティクルの段落にて詳述することとし、本段落ではマスク欠陥とインプリント欠陥について説明する。

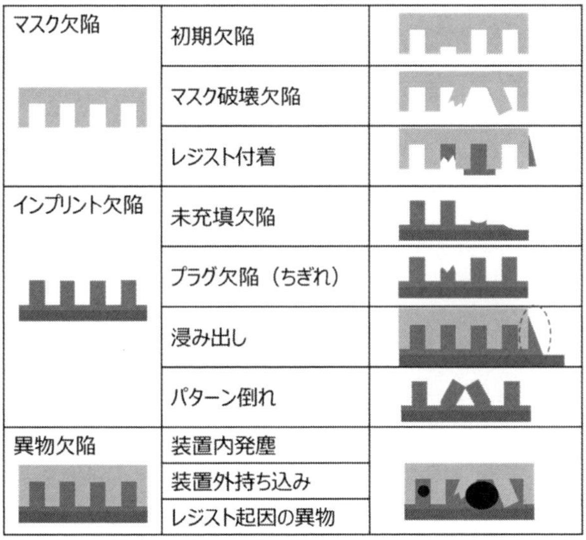

図14　ナノインプリントで発生する欠陥の分類

6.1.1　マスク欠陥

　マスク欠陥は、レプリカマスクに存在する初期欠陥、インプリントプロセス中に異物を噛み込むなどしてレプリカマスク上に発生するマスク破壊欠陥、インプリントプロセスにてレジストの一部がマスク側に付着したままとなるレジスト付着、に分類される。マスク欠陥はインプリントパターンの欠陥を繰り返し発生し続けることになるため、極限まで低減され、必要に応じて修復を施す。

　初期欠陥については、マスターマスクの電子線描画プロセス、レプリカインプリントプロセスにおける低減努力がフォトマスクメーカーにて続けられている。

マスク破壊欠陥は、インプリントプロセスにおける異物噛み込みや、マスクのハンドリングミスによって発生する。レプリカマスクは、フォトリソ装置用レチクルでも使用されるSMIF（Standard Mechanical Interface）ポッドと呼ばれるケース内に格納された状態で取り扱われ、異物の付着を防いでいる。SMIFポッドからインプリント装置へのマスクの導入・回収は、ロボットによる自動搬送で行われるなど細心の注意を払って取り扱われる。

ナノインプリント装置におけるマスクマネジメントシステムを図15に示す。

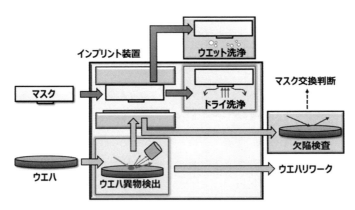

図15　マスクマネジメントシステム概略

異物検出機構で清浄と判定されたウエハのみがインプリント装置に導入される。異物が確認されたウエハはリワークに回される。マスクは所定のウエハ処理枚数毎（例えば25枚）に装置内の大気圧プラズマドライ洗浄システムで洗浄され、付着レジストやプラグ欠陥が除去される。さらに長周期のウエハ処理枚数毎には純水、酸・アルカリ溶液や有機溶剤などによるウエット洗浄も実施される。インプリントされたウエハの欠陥検査により、洗浄後もインプリントフィールドの同一箇所に繰り返し出現するリピート欠陥が検出された場合、マスク欠陥が発生、つまりマスクが破壊されたと判断する。リピート欠陥が所定の個数を超えた場合、レプリカマスクを交換する。

6.1.2　インプリント欠陥

JFIL方式では押印・充填のコントロールが硬化前に発生する欠陥に大きな影響を及ぼす。充填時間が不十分な場合、レジスト未充填による欠陥が発生する。JFIL方式ではレジストのドロップとドロップの間に雰囲気気体が閉じ込められる。また、インプリントヘッドを急速に下降して、一気にマスクとレジストを接触した場合にも、マスク－レジスト間に気泡を巻き込む。押印・充填時間を充分確保することで、未充填欠陥を低減することは可能であるが、スループットとのトレードオフとなる。気泡を速やかに消失させるために、押印時の雰囲気ガスとしてヘリウムや二酸化炭素を使用する。各種雰囲気ガスの透過性を図16に示す。

	He	N₂	O₂	CO₂
マスク	中	ゼロ	ゼロ	ゼロ
レジスト	低	中	中	高
有機下地層	低	中	中	高
Si基板	ゼロ	ゼロ	ゼロ	ゼロ

図16　雰囲気気体の透過性

　マスクの材質である石英の細孔サイズは100〜300pmであるのに対し、ヘリウム原子の動力学直径は260pmである[5]ことから、ヘリウム原子は石英中に拡散することができる。このため、気泡が速やかに消失して未充填欠陥も少ない[6]。酸素分子、窒素分子の動力学直径は300pmより大きいため石英中に拡散できず、多数の未充填欠陥が発生する。

　二酸化炭素は有機物への溶解度が酸素、窒素、ヘリウムよりも高い。有機物であるレジストの膜厚が100 nm程度より厚い場合や、インプリント層の下地層としてスピン・オン・カーボン（SOC）などの有機物層が適用される場合には、ヘリウムよりも未充填欠陥が少ない[7]。200 nm厚のSOCが塗布された基板上でのインプリントにおける充填時間と欠陥密度の関係を図17に示す。

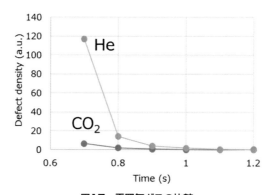

図17　雰囲気ガスの比較

　二酸化炭素雰囲気では充填時間が0.7〜0.9秒という短時間でもヘリウム雰囲気と比べて低い欠陥密度を示した。

6.1.3　欠陥性能の推移

　前述のような取り組みを積み上げることで、欠陥の総数を低減してきた。欠陥性能の推移を図18に示す。

図18 欠陥性能の推移

　NAND Flashメモリ、DRAMなどのメモリデバイスは冗長回路構成を有しているため、一定数の欠陥は許容される。許容値は例えばNAND Flashメモリでは1個/cm^2、DRAMでは0.1個/cm^{2}とされる。現状のJFIL技術はこれらのメモリデバイスの要求欠陥密度を下回り、量産適用が可能であると考えられる。さらにLogicデバイスで要求される0.01個/cm^{2}を目指してさらなる改善が進められている。

6.2　パーティクル（Particle）

　ナノインプリント装置において、パーティクルは大敵である。パーティクルを噛み込んでインプリントを行うと、噛み込んだショットでレジストパターンに欠陥が発生するだけでなく、マスクパターンが破損する場合もある。以後のショットにも欠陥が転写されるため、破損したマスクは使用不能となる。ナノインプリントにおけるランニングコストを削減する上で、ナノインプリント装置内でのパーティクル制御は重要である。

　パーティクルの侵入経路として、レジスト内に混入するケースと、装置内外で発生した塵埃がインプリント空間に侵入するケースとが考えられる。前者に対して、ナノインプリント装置では、レジスト循環システム内で濾過を行う事により、レジスト液中の数nmレベルのパーティクルまで除去している。後者、特に装置内で発生するパーティクルを低減させるため、各ユニットに使われている部材の表面加工が重要である。キヤノンが開発した表面処理（研磨、コーティング、熱処理）を主要な部材に施した結果、大幅なパーティクル低減を実現できた[8]。

　また、装置空間内に浮遊しているパーティクルに対しても、インプリントエリア内に侵入できないよう、局所的な空調の最適化（図19）を施している[9]。空調最適化の結果を図20に示す。

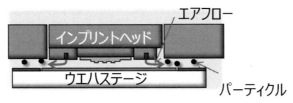

図19　インプリントヘッド周辺の局所的空調：エアーカーテンにより、パーティクルの侵入を防止する。

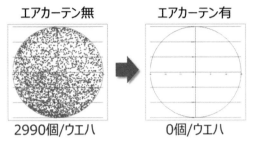

図20　エアーカーテンの効果を示すウエハ上パーティクルマップ

さらに、浮遊するパーティクルを静電吸着するクリーニングプレート、パーティクルの静電吸着を防止するための帯電除去システムも導入されている。

6.2.1　パーティクル性能の推移

ウエハ上に存在するパーティクル数は、パーティクル・アダー・テスト（PAT）と呼ばれる手法で、インプリント装置導入前後のパーティクル数の差分として評価される。PATの評価値の推移を図21に示す。

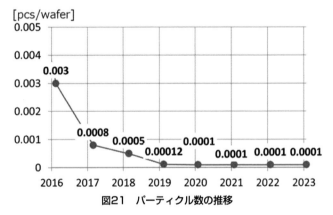

図21　パーティクル数の推移

前述の各種のパーティクル対策により、マスクの耐久寿命（インプリントショット繰り返し耐久性）は300mmウエハ10,000枚以上であることが実証されており、その記録は本稿執筆時点でさらに更新中である。

6.3　オーバーレイ（Overlay）

従来のフォトリソ装置では、ウエハ内の複数のサンプルショットで計測を行って配列格子を推定する、グローバルアライメント方式が採用されていた。ナノインプリント装置では、押印処理に先立ってグローバルアライメントを実施しても、押印動作によるマスクの不測な変形が生じ、ランダムな位置ずれが発生するため、nmオーダーでの正確な位置合わせが困難である。よって、押印中にずれを測定し、位置合わせ可能なシステムが必要である。

図4のシステム構成図中に示したTTM（Through The Mask）アライメントスコープは、マスク上に形成されたアライメントマークとウエハ上に形成されたアライメントマークとを同時に観察し、1 nm以下の精度でずれを計測可能な光学系である。押印、充填中に、マスクとウエハの相対位置ずれを検出しつつ、リアルタイムにずれ補正を行うことにより、良好な位置合わせが可能である。ショットの並進ずれ、回転誤差については、充填中のウエハステージ駆動で補正を行う。ショット倍率誤差については、マスク側面に応力を加えて変形させる倍率補正機構により補正を行う。

フォトリソ装置と異なり、投影光学系やスキャニングステージを有していないため、ナノインプリント装置においてショットの高次形状歪みを補正する事は困難と考えられていた。しかし、キヤノンは、ウエハ上のショットを位置選択的に加熱し、制御された熱膨張によりショットの高次歪みを補正する高次補正システムを開発した[9]。図22に熱補正のシミュレーションを行った結果を示す。実際のナノインプリント装置上でのテストにおいても、高次補正システムと前述の倍率補正機構とを組み合わせて、良好な補正結果が得られている。

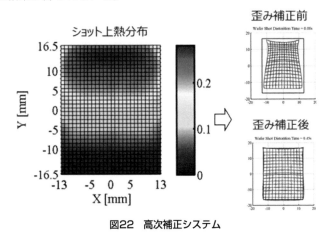

図22 高次補正システム

6.3.1 オーバーレイ性能の推移

オーバーレイ精度の推移を図23に示す。

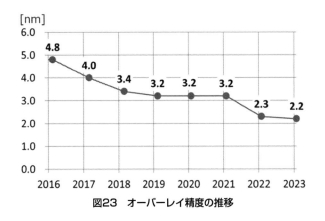

図23 オーバーレイ精度の推移

前述のような取り組みの他にも、ドロップレイアウト補正、ウエハチャック歪み補正、押印力歪み制御、チルト制御、などの要素技術を積み上げることで、オーバーレイ精度を向上してきた。オーバーレイ精度は3nmを切り、最先端のDRAMに適用できる水準まで到達している。

6.4 スループット（Throughput）

先に述べたように、ナノインプリント方式においては、レジストがマスクパターンに充填される時間を充分に確保することが欠陥低減において重要である。実際に図1に示したJFILプロセスにおいて、大部分の時間を押印・充填工程が占めている。ナノインプリント装置では、インプリントヘッド駆動プロファイルの最適化、レジスト材料の液物性の最適化、ディスペンサ吐出ドロップ径の小型化等の改善により、充填性を高めつつ処理時間短縮を実現している。充填時間は、レジスト材料の改良によっても年々短縮されている[10]。

6.4.1 レジストドロップの小滴化

充填工程においては、マスクパターン中及びレジストドロップ間に閉じ込められた気体が、毛細管圧力を駆動力としてマスク、レジスト及びウエハに拡散して消失する。押印時に閉じ込められる気体の体積を小さくすることが充填時間短縮の一つのアプローチである。レジストドロップ体積と、ドロップ間に閉じ込められる気体の体積は比例関係にあるため、小さいレジストドロップほど気泡一つの体積は小さい。

図24は、レジストドロップ体積と、充填時間の関係を示している[10]。ディスペンサ改良およびレジスト材料の改善努力により、1.0 plのドロップ量で1.1秒の充填時間を達成した。

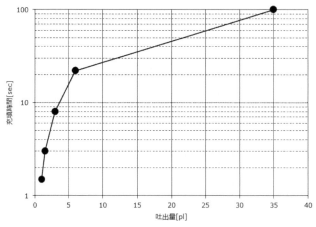

図24 ドロップ量と充填時間

6.4.2 クラスタシステム

ナノインプリント装置は、フォトリソ装置（特にEUVL装置）と比較して、装置構造がシンプルで、設置面積を小さく実現できる。図4に示したナノインプリント装置の仕組み1セット（これをインプ

リントステーションと呼ぶ）を複数セット並べたクラスター構成のシステムを構築すれば、単位面積当たりの生産性を向上させることができる。キヤノンが提供するナノインプリント装置FPA-1200 NZ2C（図25）は4台のステーションに対して、同時にウエハ処理を行わせる事で、シングルステーションの装置に比べて4倍の生産能力を実現する。4ステーション構成のクラスター装置であっても、EUVL装置に比して、同等、あるいはより小さい設置面積を実現している。

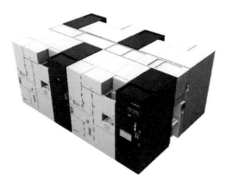

図25　4ステーション構成のクラスター装置FPA-1200 NZ2C

6.4.3　スループット向上の推移

前述のような取り組みを積み上げることで、スループットを向上してきた。スループットの推移を図26に示す。

図26　スループットの推移

インプリント欠陥の項で詳述した雰囲気ガス技術及びドロップ結合型JFILは、短い充填時間でも欠陥数が少ない、つまり、充填時間の短縮にも有効である。0.7秒まで短縮するポテンシャルが本稿執筆時点までに確認され、1時間当たりウエハ100枚を超えるスループットが実現している。

おわりに

ナノインプリント方式におけるパターン設計の自由度、パターン転写忠実性の高さは、今後の各種半導体製造プロセスの微細化に対して有用であるといえる。また、EUVL方式、あるいは、SAQP等

のArF液浸による多重露光方式に比べても、Cost of Ownership（CoO）を低減できる。

ナノインプリント装置FPA-1200NZ2Cにおいて「四大課題」は年を追うごとに着実に改善している。現時点でNAND Flashメモリ、DRAMといった冗長回路を有するデバイスの量産プロセスに対して適用可能な性能レベルを達成しつつある。

JFILの性能向上には、装置の改良のみではなく、マスク、レジスト、プロセスの改善・最適化が重要であり、半導体メーカー、マスクメーカー、装置メーカーが緊密に連携して性能向上に取り組んでいる。

量産機であるFPA-1200 NZ2Cは半導体メモリデバイス量産に向けて、デバイスメーカーにおいて量産試作機として運用されている。この技術をまずNAND Flashメモリの製造に展開し、欠陥とパーティクルの更なる低減を進めることで、回路の冗長性が比較的低いDRAMやLogicデバイスに対しても順次拡大展開する考えである。

参考文献

1) S. Y. Chou, P. R. Kraus, P. J. Renstrom, "Nanoimprint Lithography", J. Vac. Sci. Technol. B, **14(6)**, 4129 (1996)
2) T. K. Widden, D. K. Ferry, M. N. Kozicki, E. Kim, A. Kumar, J. Wilbur, G. M. Whitesides, Nanotechnology, **7**, 447 (1996)
3) M. Colburn, S. Johnson, M. Stewart, S. Damle, T. Bailey, B. Choi, M. Wedlake, T. Michaelson, S. V. Sreenivasan, J. Ekerdt, and C. G. Willson, Proc. SPIE, Emerging Lithographic Technologies III, 379 (1999)
4) T. Ito, Jpn. J. Appl. Phys., **63**, 050804 (2024)
5) J. F. Shackelford, Procedia Materials Science, **7**, 278 (2014)
6) I. McMackin, N. Stacey, D. Babbs, D. Voth, M. Watts, V. Truskett, F. Xu, R. Voisin, P. Lad, US Patent, 7090716 (2003)
7) T. Ito, Y. Ito, I. Kawata, K. Ueyama, K. Nagane, W. Liu, T. Stachoviak, W. Zhang, T. Estrada, J. Photopolym. Sci. Tech., **35**(2), 105 (2022)
8) T. Takashima, Y. Takabayashi, N. Nishimura, K. Emoto, T. Matsumoto, T. Hayashi, A. Kimura, J. Choi, P. Schumaker, , SPIE Advanced Lithography, 977706 (2016)
9) T. Iwanaga, Micro and Nano Engineering 2016 Scientific Program, (2016)
10) T. Ito, K. Emoto T. Takashima, K. Sakai, W. Liu, J. DeYoung, Z. Ye, D. LaBrake, J. Photopolym. Sci. Tech., **29**(2), 159 (2016)

第3章

ナノインプリント・リソグラフィの国内外の動向と今後の展望

第3章　ナノインプリント・リソグラフィの国内外の動向と今後の展望

大阪公立大学　平井　義彦

1．学術発表から視える国内外の動向

1章でも触れたが、2025年でナノインプリントが提唱されて30年が経過し、2025年夏にはナノインプリントの国際学会での記念行事が計画されている。そのような中、ナノインプリントの産業応用として2つの柱が垣間見られている。

ここでは、文献検索サイトhttps://www.scopus.com/ で、キーワードを「nanoimprint」として検索を行った結果を基に、内外の動向についての定量的な分析を紹介する。

図1は、検索でヒットしたnanoimprintに関係する論文数の推移を示す。1995年に最初の論文が発表されて5年後の2000年頃を起点に、2010年までの10年間は基礎的な研究活動が急激な立ち上がりを見せた。2009年をピークに、開発段階と入り、研究論文数は2020年頃まで10年に渡り漸次減少し、コロナ渦も相まっていわゆる「死の谷」を渡り切れない状況に陥ったようにも思えた。この間に、反射防止フィルムをはじめ、LED用の光拡散構造など、光学要素を中心に様々な産業応用が図られてきた。しかし、2020年を機に、研究活動は再び活性化され、現在も研究開発活動は、微増傾向にある。

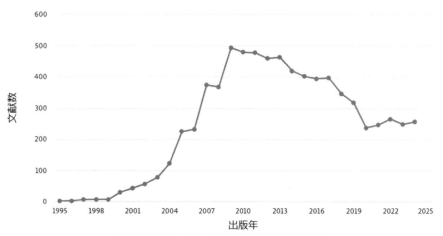

図1　ナノインプリント関連の発表論文数の推移
（https://www.scopus.com/ にてnanoimprintで検索）

1.2　国別のアクティビティ

次に、これまでの国別の論文数を図2に示す。北米、アジア、欧州の世界各地で研究開発が繰り広げられてきたことが分かる。これは、複雑で高価な実験装置が不要で、だれにでも着手が可能であることが一因していると考えられる。

第3章　ナノインプリント・リソグラフィの国内外の動向と今後の展望

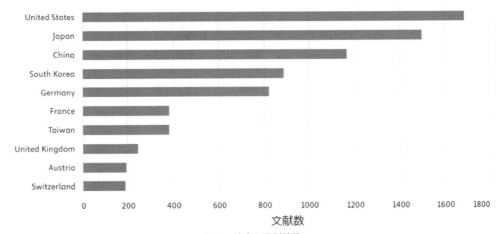

図2　論文の国別件数
(https://www.scopus.com/にてnanoimprintで検索)

さらに分析を進めると、ここ最近の研究開発動向に新しい3つの波が生じていることが、垣間見れた。

a) 中国の台頭

図3に、米国、日本、中国、ドイツからの論文数の推移を示す。日米欧が2010年ごろをピークとして、ほぼ同時進行の推移を辿ったのに対して、中国が2005年ごろから研究発表を積極的に行い、2020年には日米欧を抜いてトップとなり、現在も上昇を続けていることがわかる。図4に、中国発表論文数の上位組織を示す。

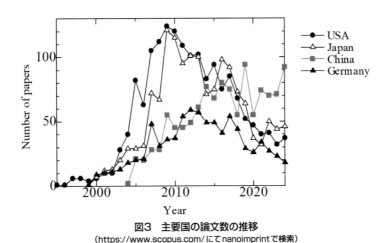

図3　主要国の論文数の推移
(https://www.scopus.com/にてnanoimprintで検索)

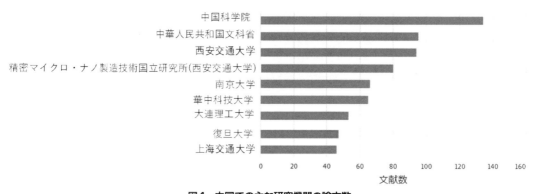

図4 中国での主な研究機関の論文数
(https://www.scopus.com/ にてnanoimprintで検索)

このように、中国では政府を挙げたナノインプリントの研究開発が進められていることがわかる。

b）研究開発フェーズの変化

一方、論文数が増加傾向にある2023年以降の内容を分析してみた。大量の論文数であるため、まずは論文誌別の傾向を分析した。図5に、論文誌毎の発表件数の推移を示す。熱ナノインプリントリソグラフィと光ナノインプリントが最初に掲載された米国真空学会の論文誌　Journal of Vacuum Science Technology B 誌は、2010年ごろにはその役割を終え、欧州でのマイクロエレクトロニクスの微細加工技術を扱う論文誌　Microelectric Engineering誌と、半導体リソグラフィを含めた光学分野での学会団体SPIEのプロシーディングである　Proceedings of SPIE の各部門誌が、主な発表の場となった。前者は革新的、学術的な内容が多く、後者は産業応用の技術報告が概して多い。しかし、2020年には、Microelectric Engineer誌からの発表も減少し、学術的で新規な内容は減る一方で、SPIEに代表される産業応用の技術報告が一転増加し、実用化を視野に入れた開発が盛んにおこなわれていることが伺える。

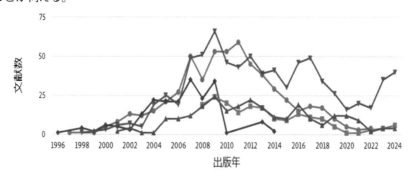

図5　主要論文誌での掲載数の推移
(https://www.scopus.com/ にてnanoimprintで検索)

c）研究開発対象の二極化

そこで、この数年間での論文内容について、2023、2024年の2年間にSPIEに掲載された論文のキーワードの内容をカウントした結果を表1に示す。その大半は、半導体集積回路（VLSI）に係わるキーワードと、メタバース機材の拡張現実、仮想現実に係わるAR/VR関係にキーワードがほぼすべてを占めていた。これらを整理分類した結果を表1に示す。ほぼ同数あるいはAR/VR関係がやや多くの論文が出版されていたことが示され、研究開発対象が二極化している傾向にある。

表1 最近2年間の発表論文のキーワード数
(Proceeding of SPIE 2023、2024年掲載分)

Keyword	VLSI	AR/VR	Keyword	VLSI	AR/VR
Refractive Index		18	Photoresists		4
Augmented Reality		14	Photonics		4
Semiconductor Devices	11		Nanocomposites		4
Overlay	11		Nanocomposite		4
High Refractive		11	Mixed Reality		4
Surface Relief Gratings		9	MetaLens		4
Titanium Dioxide		8	Logic	4	
Half Pitches	8		Flash Memory	4	
Meta Optical Element		7	Diffractive Optical Elements	4	
Dynamic Random Access Storage	7		Zirconia		3
Cost Effectiveness	7		Waveguides		3
Budget Control	7		TiO 2		3
Aspect Ratio		7	Sol-gel Process		3
Meta Optical Elements		6	Sol'gel		3
Memory Architecture	6		Slanted Gratings		3
Memory	6		Photopolymer	3	
Integrated Circuit Design	6		Photomasks	3	
High Resolution	6		Nanocrystals		3
High Refractive Index		6	Metasurface		3
Waveguide		5	Linewidth Roughness	3	
Photonic Devices		5	LWR	3	
Electronics Packaging	5		Flat Optics		3
Surface Relief Grating		4	Flat Optics		3
Sol-gels		4	Diffraction Gratings		3
Semiconductor Device Manufacture	4		total	108	161

以上示したように、直近のナノインプリントの研究開発の方向は、半導体集積回路のためのリソグラフィ応用と、AR/VR機材に必要な光導波路向けの生産技術に注がれていることが、データ上明らかとなった。これらの傾向は、筆者が、この数年欧米の国際学会や展示会に出席した際に肌で感じた傾向と合致するものである。

また、この傾向は、シームレスな優れた解像性と、材料・形状への多様性というナノインプリントの真価が、ようやく見直されたためであると考えられる。

2. 今後の展望

今後の短期的な展開としては、1) 従来のリソグラフィ技術に加えて、ナノインプリントの特徴となる解像性とコスト性能を生かす半導体集積回路への補完的な利用によるコスト削減と環境性能の改善と、2) 高屈折率材料による傾斜型回折格子のように、ナノインプリントによる多様な材料と形状の直接加工能力を生かした次世代の機器製造への応用が、今後のナノインプリント技術の社会実装への鍵となるものと言えよう。

また、それらを支える要として、離型を含むモールド技術は、より一層重要度を増すものと考えられる。

第3章 ナノインプリント・リソグラフィの国内外の動向と今後の展望

ナノインプリント・リソグラフィの社会実装と将来展望
～EUVLに対抗する注目の次世代半導体微細加工技術
およびに離型性課題克服に向けた取り組み～

発行　令和7年　3月31日発行　第1版　第1刷

定　　価　55,000円（本体 50,000円＋税10%）
監　　修　平井義彦
発行人・企画　陶山正夫
編集・制作　牛田孝平、枩西洋佑、渡邊寿美
発　行　所　株式会社AndTech
　　　　　　〒214-0014
　　　　　　神奈川県川崎市多摩区登戸2833-2-102
　　　　　　TEL：044-455-5720
　　　　　　FAX：044-455-5721
　　　　　　Email：info@andtech.co.jp
　　　　　　URL：https://andtech.co.jp/

印刷・製本　倉敷印刷株式会社